La belleza del universo

Seix Barral Los Tres Mundos

Stefan Klein
La belleza del universo

Las grandes cuestiones de la física
como nunca te las habían contado

Traducción del alemán por
Albert Vitó i Godina

Título original: *Das All und das Nichts. Von der Schönheit des Universums*

© S. Fischer Verlag GmbH, Frankfurt am Main, 2017
Publicado de acuerdo con International Editors'Co, Agencia Literaria
© por la traducción, Albert Vitó i Godina, 2018
© Editorial Planeta, S. A., 2018
Seix Barral, un sello editorial de Editorial Planeta, S. A.
Avda. Diagonal, 662-664, 08034 Barcelona (España)
www.seix-barral.es
www.planetadelibros.com

Diseño original de la colección: Josep Bagà Associats

© Imágenes del interior: Archivo del Autor, Ollyy-Shutterstock, NASA y JPL

Primera edición: septiembre de 2018
ISBN: 978-84-322-3404-0
Depósito legal: B. 16.409-2018
Composición: Moelmo, SCP
Impresión y encuadernación: Liberdúplex, S. L.
Printed in Spain - Impreso en España

El papel utilizado para la impresión de este libro es cien por cien libre de cloro y
está calificado como **papel ecológico**.

En memoria de mi padre,
que me mostró el camino

CONTENIDO

revelación sobre el espacio y el tiempo. Sin embargo, la luz siguió siendo un enigma para Albert Einstein hasta el día de su muerte.

4

EL FRACASO DEL ESPÍRITU DEL MUNDO

Un huracán arrasa Alemania y nadie ha sido capaz de prever el temporal. Los motivos por los que el mundo es impredecible y un elogio del universo creativo.

5

UNA HISTORIA POLICIACA

Una banda de maleantes se dedica a desvalijar domicilios de Londres y Nueva York. Aunque los ladrones no pueden haberse puesto de acuerdo, actúan de forma perfectamente coordinada.

El detective Glock investiga si actúan siguiendo un mismo plan secreto, pero no encuentra ningún indicio. Su conclusión es que todos los lugares del mundo, en realidad, son uno solo.

6

¿EL MUNDO ES DE VERDAD?

Un dedo recibe un martillazo. Pero el martillo, como toda la materia, no es más que vacío. ¿Cómo es posible que la nada pueda hacer tanto daño? Y otra cosa: ¿seguro que existe la nada?

7

«¿QUIÉN HA ENCARGADO ESTO?»

Vivimos en un mundo de sombras. Da igual hacia dónde miremos, sin duda habrá veinte veces más de lo que veremos. Pero ¿más qué? No tenemos ni idea.

No obstante, sin energía oscura, sin materia oscura, no podríamos existir.

8

CÓMO PASA EL TIEMPO

Una barba canosa se pregunta por qué no puede volver el pasado. Experimentamos el paso del tiempo porque no somos omniscientes.

El universo también envejece.

9

TRAS EL HORIZONTE

La noche es oscura porque el mundo tuvo un inicio. Desde entonces, el universo se expande. El espacio es mayor de lo que podemos imaginar. Reflexiones sobre el asombro.

10

POR QUÉ EXISTIMOS

En cada uno de nosotros se confirma una característica sorprendente del universo: la vida inteligente no sólo es posible, sino que incluso es probable. ¿Alguien es capaz de afirmar que nuestra existencia no tiene sentido?

1

LA POESÍA DE LA REALIDAD

Una rosa nos abre los ojos a la evidencia de que nada ni nadie está solo. Cuanto más ahondamos en el conocimiento del universo, más misterioso nos parece.

Cuanto más sabemos sobre la realidad, más enigmas se nos presentan. Resulta sorprendente que haya personas sensibles que lo pongan en duda. Durante una mesa redonda, un conocido poeta alemán me dijo que el conocimiento cada vez más exhaustivo de los genes le daba asco, porque las personas descodificadas le parecían aburridas. También Edgar Allan Poe, el maestro estadounidense de la literatura de misterio, se refirió a la ciencia como la peor enemiga de la poesía:

¿Por qué devoras así el corazón del poeta,
*buitre, cuyas alas son obtusas realidades?**

¡Menudo error! Los poetas tienen toda la razón del mundo cuando temen la perspectiva de una existencia desencantada, pero se equivocan si creen que explorar el mundo es como buscar hue-

---

* Traducción de Carlos Obligado (*Poemas*, Edgar Allan Poe, Visor, Madrid, 2010). (*N. del t.*)

vos de Pascua y que, tarde o temprano, acabará descubriéndose todo. El verdadero conocimiento, en realidad, encuentra más preguntas de las que puede llegar a responder.

En una ocasión preguntaron al gran físico estadounidense Richard Feynman si un científico no destrozaba la belleza de una rosa al investigarla. Feynman respondió que, sin duda alguna, apreciaba la belleza de la rosa tanto como un artista, pero que además era capaz de detectar una belleza más profunda, la que sólo el conocimiento puede revelar: el hecho de que, durante la evolución, las flores adquirieran color para atraer a los insectos, por ejemplo. Cuando aprendemos algo así, se nos plantean nuevas preguntas, como si los insectos experimentan algo parecido a la estética. Conociendo más a fondo una flor, por tanto, no le restamos belleza, sino más bien todo lo contrario: sumamos a su atractiva estética el encanto de verla como algo impresionante y misterioso.

Feynman podría haber añadido que la mirada lúcida del investigador es capaz de encontrar belleza incluso en lo que *a priori* puede parecernos feo o repugnante. Una rosa marchita, por ejemplo, es un signo de decadencia, pero si nos fijamos mejor podremos apreciar en su interior el escaramujo, el fruto del rosal. Cada semilla de este fruto es una maravilla en sí misma, y es que cada núcula encierra en su interior el embrión de un nuevo rosal, esperando el momento más oportuno para empaparse de agua, dilatarse, romper la cáscara que lo recubre y diseminar los cotiledones al sol.

Para que crezca un brote de rosal tiene que haber luz, agua y oxígeno. El aire debemos agradecérselo a unos seres que vivieron hace mucho tiempo, puesto que es la herencia que nos dejaron los organismos unicelulares que hace más de tres mil millones de años ya cubrían con un grueso manto turquesa el lecho oceánico, donde todavía sobreviven hoy en día. Por aquel entonces, en la atmósfera terrestre había tan poco oxígeno que cualquier forma de vida superior habría muerto asfixiada. Cada uno de esos organismos unicelulares, a los que denominamos *cianobacterias*, no mide más que unas milésimas de milímetro. En comparación con la rosa, pueden parecernos criaturas primitivas, pero lo cierto es que son una verdadera obra maestra de la naturaleza. Algunas incluso pueden ver gracias a una especie de lente diminuta, como la de una cámara de fotos, que les permite diferenciar entre la luz y la oscuridad, y es que sienten atracción por las zonas claras y rehúyen las oscuras. El motivo es muy simple: utilizan la luz del sol para obtener energía por medio de la fotosíntesis, igual que las plantas actuales. Además de colonizar los océanos primitivos, las cianobacterias fueron transformando el dióxido de carbono del agua de mar en oxígeno, y éste fue emergiendo a la superficie en forma de burbujas minúsculas desde el fondo del mar a lo largo de mil millones de años. Así pues, las cianobacterias crearon el aire que la rosa necesita para brotar y, de hecho, convirtieron la Tierra en un lugar habitable para formas de vida superior.

Las cianobacterias, a su vez, surgieron a partir de formas de vida previas, todavía más sencillas, capaces también de vivir sin oxígeno. Estos organismos desconocidos poblaron la Tierra hace tres mil ochocientos millones de años y, sin ellos, nunca habríamos tenido la oportunidad de llegar a ver una rosa. ¿Y de dónde procedía esa forma de vida? Eso no lo sabemos.

Ya hemos visto de dónde salió el aire, pero ¿y el agua? El agua también tiene su propia historia, y es todavía más antigua. Durante mucho tiempo nos conformamos con creer que surgió en forma de vapor del interior de nuestro planeta poco después de que quedara constituido como tal. Pero ¿cómo se metió dentro de la Tierra esa agua? Sólo podría haber quedado ahí encerrada durante la formación de los planetas: hace cuatro mil quinientos millones de años, las rocas y el polvo que orbitaban alrededor del Sol se concentraron hasta el punto de unirse en forma de planetas. Sin embargo, el material que acabaría configurando la Tierra giraba a poca distancia del Sol, por lo que la posibilidad de que todos esos escombros fueran lo suficientemente húmedos para llegar a convertir la Tierra en el planeta azul es de lo más improbable: el calor irradiado por el Sol los habría desecado por completo.

Por consiguiente, al principio la Tierra debió de ser tan árida como un desierto. El proceso que la convirtió en un mundo recubierto por océanos sigue sin conocerse con certeza. Justamente, el escenario que suena más fantasioso de todos es, al mismo tiempo, el más probable: el agua llegó procedente del espacio exterior, viajó a bordo de cometas o asteroides originarios de partes más frías del sistema solar que impactaron en nuestro planeta desértico como gigantescas bolas de nieve. De esta forma se llenaron los mares, los ríos y los océanos, con el hielo derretido de los cometas. Así pues, las gotas de rocío que empapan las hojas y los pétalos de las rosas proceden del espacio exterior.

Finalmente, la rosa debe agradecer la luz a la fuerza nuclear fuerte. El nombre de esta fuerza elemental es, en realidad, demasiado modesto, puesto que es la más potente de la naturaleza con diferencia. Capaz de mantener unidos los núcleos atómicos, tiene su origen en el interior del Sol: allí los núcleos atómicos del hidrógeno se fusionan para formar helio, un proceso que libera una energía inmensa que se emite hacia el espacio. Ese combustible, el hidrógeno, es la más antigua de todas las sustancias. Ya desde el minuto inmediatamente posterior al Big Bang, el hidrógeno empezó a circular por el cosmos. A partir de ese hidrógeno y, una vez más, por medio de la fuerza nuclear fuerte se formaron el resto de los elementos. En otro tiempo, todo cuanto nos rodea en la Tierra no era más que cenizas de estrellas. De ahí proviene también el carbono del que se componen los brotes, por lo que podemos concluir que la rosa no es más que polvo de estrellas transformado.

Sin embargo, las estrellas que hicieron posible la rosa nacieron a partir de nubes de hidrógeno. Estas nubes llegaron a condensarse tanto debido a su propia gravitación que acabaron explotando: entonces brilló por primera vez la luz estelar. ¿Podemos afirmar, pues, que las estrellas se concibieron a sí mismas? Así se creyó durante mucho tiempo, pero hoy en día sabemos que también las estrellas precisaron de ayuda externa. Para que pudieran concentrarse por efecto de su propia gravitación fue necesario algo más que el hecho de que existiera hidrógeno, que por sí mismo se habría limitado a distribuirse por el cosmos de un modo uniforme, como el azúcar cuando lo echamos en el té caliente. Los gases no se habrían condensado jamás por sí solos, por lo que tampoco habría llegado a brillar ni una sola estrella en el firmamento y el universo no habría llegado a formarse.

Por consiguiente, debió de ser algo realmente poderoso lo que provocó ese inicio y acumuló el hidrógeno hasta formar nubes, pero lo cierto es que no sabemos qué es. Ese algo no brilla; es más, es invisible. Por eso lo denominamos *materia oscura*. Sin embargo, su composición y sus propiedades siguen siendo una incógnita.

Richard Feynman, quien reflexionó acerca de la belleza de la rosa, no llegó a conocer toda esa relación de procesos. Murió en 1988, considerado como uno de los científicos más importantes del siglo XX. No obstante, nuestros conocimientos acerca del inicio del mundo se han ampliado radicalmente en los últimos años. Ahora somos capaces de explicar, aunque sólo sea a grandes rasgos, el origen del universo remontándonos hasta la primera milmillonésima de segundo posterior a su nacimiento. Nos consta que hay planetas habitables fuera del sistema solar, se ha descubierto un sistema a cuarenta años luz que contiene siete planetas parecidos a la Tierra, y suponemos que ese cielo plagado de estrellas que vemos de noche oculta muchos más planetas que estrellas luminosas. Además, también sabemos que ciertos procesos físicos contradicen nuestra concepción del espacio y el tiempo.

Los conocimientos de ese tipo hasta hace no mucho se consideraban poco más que especulaciones audaces. Hoy en día, en cambio, son realidades que hemos podido medir incluso con decimales.

Aun así, nuestro conocimiento no es más que una isla en el inmenso océano de nuestra ignorancia. Y, cada vez que conseguimos ampliar la superficie de la isla, se extiende también esa orilla en la que nos enfrentamos a lo desconocido, porque cada conclusión espectacular viene acompañada de preguntas que no paran de crecer en número y en complejidad. Sería fantástico descubrir qué sucedió durante esa primera milmillonésima de segundo tras el nacimiento del universo, pero ¿tiene sentido pensar en lo que ocurría antes del Big Bang? ¿Realmente hay vida en otros planetas? ¿Es posible que el espacio y el tiempo no sean más que una ilusión? Éstas son la clase de preguntas que aborda este libro, en el que describo cómo la física del siglo XXI ha cambiado nuestra manera de pensar y de concebir el mundo. Para leerlo no es necesario tener conocimientos previos, sólo valor para echar un vistazo tras el velo de lo que hoy en día damos por supuesto. Únicamente entonces se nos revelará un mundo que «no sólo es más extraño de lo que imaginamos, sino más extraño de lo que somos capaces de imaginar», en palabras del biólogo británico John Haldane. Así pues, las páginas siguientes son una invitación a dejarse hechizar por la realidad en la que vivimos. Porque una rosa es mucho más que una simple rosa: también es un testimonio del origen del mundo.

2

UNA CANICA EN EL UNIVERSO

La Tierra se eleva por encima del horizonte lunar y contemplamos el nacimiento del universo. Tras el cosmos visible se ocultan espacios todavía mayores. La realidad es muy distinta de lo que parece.

... porque todo lo que sabemos y nos maravilla es una expresión de pura alegría.

FRANCIS BACON

Uno de mis primeros recuerdos de infancia se remonta a una ocasión en la que mi padre llegó a casa con una gran caja de cartón. Entró por la puerta de espaldas, luego apareció aquella caja enorme y, finalmente, un amigo suyo, que lo ayudaba a cargarla agarrándola por el otro extremo.

—¿Qué es esto? —preguntó mi madre.

—He comprado un televisor —respondió mi padre.

Mi madre se puso furiosa, no quería tener un artilugio tan odioso por casa de ninguna manera.

—Están volando a la Luna —argumentó mi padre.

Con una sierra en la mano, abrió las puertas del mueble oscuro que teníamos en el salón de casa.

A mi hermano y a mí no nos permitían tocar ese mueble porque, según nos decían, era antiguo y valioso. Y también porque era el mueble bar. Mi padre sacó las botellas y se metió en el armario con la sierra. Cortó uno de los valiosos estantes hasta que consiguió encajar dentro el televisor, y el aparato nuevo desapareció en cuanto volvió a cerrar las puertas del mueble.

Las voces de los astronautas, por tanto, salieron del armario. A pesar de que en ese momento no supe descifrar lo que decían, su tonalidad metálica quedó grabada en mi memoria. También recuerdo dos imágenes. En una, dos figuras se deslizan rápidamente por la pantalla, irradiando una luz blanca, espectral, aunque la visera que les cubre la cara me impide ver sus rasgos. De color gris, tras ellos, hay una bandera. Los espectros cargan con unas mochilas enormes que, sin embargo, no les impiden andar a paso ligero y saltar como si pesaran como plumas. Mis padres comentan algo acerca de la gravedad en la Luna, que es seis veces menor que en la Tierra, y a mí me entran unas ganas locas de experimentar esa sensación. Tengo cuatro años.

La otra escena muestra una canica justo en el centro de la pantalla: una mitad iluminada, la otra mitad en penumbra, y flota envuelta en una oscuridad total. Aunque el televisor era en blanco y negro, en mi recuerdo la canica era de un color azul increíblemente intenso. Es evidente que las fotos que vi posteriormente en revistas y libros se mezclaron en mi memoria con las imágenes del televisor y aportaron la información cromática que faltaba. Sobre la superficie azul de la canica brillaban unos remolinos blancos, mientras que en el lado izquierdo había una gran mancha marrón de contornos escarpados. En primer plano, sin embargo, no se veía más que un desierto monótono de color ocre. Las colinas y los cráteres se extendían hacia el horizonte sobre el que se elevaba la canica. Resulta inimaginable que ese páramo de color ocre pueda haber sido habitado, o que pueda llegar a serlo jamás.

Así es como el Apolo 11 retransmitió la salida de la Tierra por el horizonte de la Luna que yo tuve ocasión de ver en el interior de un mueble de doscientos años de antigüedad. No sé cómo reaccioné cuando vi parpadear esas imágenes en nuestra pantalla en julio de 1969, pero cada vez que he vuelto a verlas, la sensación que tuve entonces ha cobrado más y más fuerza. Éste es nuestro hogar en el cosmos: una canica minúscula, sola en medio de una noche inconmensurable, frágil y bella. Si se examinan las imágenes con más detenimiento, se aprecia incluso la atmósfera, un halo sutil que brilla con la luz del Sol. Es el único lugar habitado que conocemos en todo el universo y el único en el que podemos vivir.

En la canica azul no distinguimos nada humano, nada que nos resulte familiar. La imagen tomada

desde la Luna nos muestra nuestro hábitat como nunca solemos verlo, desde fuera, y aun así nos reconocemos enseguida. Es precisamente esa perspectiva externa lo que confiere tanta fuerza a las imágenes de la salida de la Tierra. Quien las haya visto alguna vez no volverá a creer que nuestra existencia sea la cosa más natural del mundo. Inmersos en la monotonía cotidiana, la vida puede llegar a parecernos banal, pero ¿puede haber algo más asombroso que la vida cuando nos damos cuenta de que no hay nadie más a nuestro alrededor, que somos pasajeros solitarios sobre una mota de polvo en medio del frío universo? Para poder apreciar todo eso de un modo más profundo, hay que abandonar la perspectiva habitual.

La humanidad se ha dado cuenta en incontables ocasiones de que la realidad es muy distinta de cómo la percibimos. Ni la Tierra es plana, ni el Sol gira a su alrededor. La Luna no es un astro luminoso, sino un espejo que refleja las radiaciones solares. Las nubes que se divisan entre las estrellas cuando las observamos con la ayuda de un telescopio no son bancos de niebla, sino galaxias como la nuestra. Los animales y las personas no siempre han tenido la forma actual, sino que hemos ido evolucionando poco a poco. En otros tiempos, todos esos conocimientos se consideraron atrocidades porque contradecían lo que la gente podía y quería imaginar. Hoy en día, en cambio, todas esas atrocidades nos parecen ciertas y evidentes, y a ellas debemos nuestra visión actual del mundo.

Esa idea de buscar un punto de vista más completo de la realidad pocas veces me ha parecido mejor representada que en una enigmática xilografía que ilustra una obra de 1888 del astrónomo francés Camille Flammarion. La imagen, de origen desconocido, suele llamarse *grabado Flammarion*, y muestra a un hombre que deja atrás su entorno habitual para examinar un cosmos de una belleza singular. Detrás del hombre podemos ver el mundo tal como lo conocemos, tal como estamos acos-

tumbrados a verlo: sobre las suaves colinas crecen árboles y arbustos, mientras que en el fondo apreciamos una villa junto al mar, iluminada por el sol de poniente, aunque cerca del primer plano ya es de noche y en el cielo brillan las estrellas. Y justo en el punto donde ese cielo estrellado entra en contacto con la Tierra, vemos el torso del viajero. La cabeza ya asoma por el otro lado, en un mundo distinto, donde brillan fantásticos remolinos, nebulosas, girándulas, rayos y luces. El hombre extiende una mano hacia esos fenómenos misteriosos que acaba de descubrir, pero ¿realmente ha dejado atrás el mundo que conoce? Un marco decorado con formas exuberantes envuelve las dos imágenes, y tal vez no sea casualidad que las líneas

arremolinadas que quedan tras el firmamento parezcan campos electromagnéticos. Dos décadas antes de que la imagen apareciera publicada, los físicos habían descubierto esas líneas de fuerza invisibles.

El viajero contempla asombrado otra dimensión de nuestra existencia. Admira los fenómenos que se ocultan tras la realidad que conoce, pero no se trata de un mundo ajeno a su realidad cotidiana. Le ocurre como a nosotros cuando presenciamos la salida del planeta azul por encima del horizonte de la Luna.

Si tuviera que elegir una imagen para ilustrar los grandes descubrimientos del siglo XXI, sin duda me decidiría por una imagen del espacio. Por supuesto, el mapa celeste que envió la sonda espacial europea *Planck* y que se publicó en 2013 es más difícil de interpretar que la imagen del viajero o la de la canica azul. En cierto modo, igual que las líneas arremolinadas del grabado, a primera vista parece un cuadro abstracto. Se reconocen puntos de colores que forman un patrón coherente: ¿continentes, tal vez?

Es la representación del cielo visible desde la Tierra. No debe extrañarnos que antes de nada tengamos que orientarnos para interpretarla, puesto que muestra una perspectiva del mundo que poca gente conoce. Nos permite ver un nacimiento: el del universo. Los colores representan una radiación que se emitió hace más de trece mil millones de años, justo después del Big Bang, la primera luz que brilló jamás en el universo. Procede de todas partes y llena todo el cosmos. Con el tiempo, la luz se ha transformado en radiación térmica, y cada color del mapa celeste corresponde a una temperatura: es el resplandor del Big Bang, y evita que el espacio se enfríe del todo. Incluso en el vacío intergaláctico, todavía quedan remanentes de calor. Aunque nuestros ojos no puedan percibir las radiaciones secundarias, con la ayuda de una antena parabólica de televisión normal y corriente se pueden captar.

La radiación cósmica de fondo, también llamada radiación de fondo de microondas, se descubrió por casualidad en 1964, cuando los físicos Arno Penzias y Robert Wilson estaban experimentando en Nueva Jersey con una de las primeras antenas parabólicas. Detectaron un ruido prácticamente regular que llegaba de todas las direcciones. Eso los llevó a deducir que no se debía a la proximidad de Nueva York, puesto que parecía evidente que no era de origen terrestre. Sin embargo, tampoco consiguieron determinar que procediera de la Vía Láctea o de cualquier otra galaxia. Penzias explicó el ruido como una «sustancia dieléctrica blanca», una manera elegante de referirse a los excrementos de pájaro, puesto que en el plato de la antena había anidado una pareja de palomas. Penzias y Wilson atraparon las palomas con la ayuda de una trampa y las soltaron de nuevo a cincuenta kilómetros de distancia de la antena. No obstante, las palomas regresaron al mismo lugar, por lo que Penzias se vio obligado a tomar medidas más drásticas en nombre de la ciencia. Después de limpiar la antena a conciencia y volver a intentarlo, se dieron cuenta de que aquel ruido procedente de ninguna parte no había desaparecido. Los científicos ya no sabían qué hacer.

Entonces fue cuando Penzias relacionó esas interferencias con la teoría del Big Bang. Por aquel entonces, la idea de que el universo hubiera nacido con un gran estallido y que ese estallido hubiera dejado tras de sí una radiación todavía se consideraba una mera especulación. Entregarse a una hipótesis como ésa, considerada pura ciencia ficción, significaba poner en peligro su carrera. Se suponía que el cosmos era eterno, que no tenía ni principio ni fin, pero la radiación presagiada por la teoría del Big Bang encajaba a la perfección con la señal que había captado la antena. Así pues, una perturbación presuntamente provocada por excrementos de pájaro demostró ser la prueba triunfal de que el universo tuvo, en efecto, un inicio. Penzias y Wilson recibieron el Premio Nobel en 1978 por ese descubrimiento.

Hoy en día, el receptor con el que los dos científicos interceptaron las primeras señales del Big Bang puede admirarse en el Deutsches Museum de Múnich. Fue un obsequio de Penzias a su ciudad natal, como reconocimiento al esfuerzo que llevaba a cabo Alemania para divulgar su pasado en lugar de negarlo, y es que Penzias nació en un hogar judío de Múnich y a los seis años huyó junto a su hermano del régimen nazi en uno de los transportes de niños. «Quiero participar de esta sociedad decidida a compartir su pasado con las generaciones futuras», explicó.

Medio siglo después del descubrimiento de Penzias y Wilson, la sonda espacial europea *Planck* volvió a calibrar la primera luz del cosmos. El telescopio espacial extendió sus antenas refrigeradas con helio líquido para determinar la temperatura de la radiación de fondo con una precisión de millonésimas de grado. A partir de los miles de muestras obtenidas, los astrónomos de un gran número de universidades europeas compusieron una panorámica completa: el mapa estelar de la radiación de fondo.

El mapa de la página 31 muestra el inicio de la historia. Todavía faltaba mucho para que se formara la Tierra, pero unas manchas que parecen continentes ya revelan los lugares en los que la materia se condensó y formó nebulosas, galaxias, estrellas y, más adelante, los planetas. Del mismo modo que es posible comprobar el desarrollo de un ser humano en el útero materno (oír los latidos de su corazón, seguir el crecimiento de sus órganos e incluso reconocer sus rasgos faciales antes de que nazca) por medio de las ecografías, gracias a la radiación de fondo podemos saber también cómo evolucionó el universo.

Los datos obtenidos suponen un tesoro de un valor informativo increíble. El análisis de la radiación revela que el espacio ha seguido expandiéndose sin cesar desde su creación.

En algún momento, pues, todo el cosmos que podemos percibir en la actualidad ocupó un volumen minúsculo. Y cuanto más retrocedemos en el tiempo, más minúsculo era: menor que la Luna, menor que un balón de fútbol, menor que un átomo. En algún momento tuvo que haber un inicio, y a ese inicio lo llamamos Big Bang, un gran estallido en el que surgió un universo diminuto que, sin embargo, ya contenía todo lo que existe en la actualidad. Desde ese inicio no se ha añadido nada. El universo se ha limitado a expandirse y a transformarse.

No nos lo podemos imaginar, pero tampoco es que podamos concebir el universo tal como es hoy en día. Sus dimensiones pueden calcularse a partir de las tomas de la radiación de fondo, y superan con creces la capacidad de comprensión del intelecto humano. La inmensidad de lo que contemplamos en el cielo nocturno impone un profundo respeto, y tras el horizonte de las galaxias más lejanas se oculta, según los cálculos más prudentes, un cosmos al menos doscientas cincuenta veces mayor. No obstante, hay motivos de sobra para suponer que la parte del universo que no está al alcance de nuestros ojos es muchos miles de millones de veces mayor que el fragmento que sí podemos ver. En el capítulo 9 abordaremos este aspecto más detenidamente.

¿Qué debe de haber tras el horizonte? La radiación de fondo que llega hasta nosotros hoy en día establece los límites del mundo visible. Fueron necesarios trece mil ochocientos millones de años, la vida entera del universo, para que esa radiación llegara hasta la Tierra, mientras que la luz de las zonas que se encuentran más allá del universo visible todavía no ha tenido tiempo de llegar hasta nosotros desde el inicio del cosmos. Es más, no llegará a la Tierra jamás, porque el cosmos ya se expande a una velocidad demasiado elevada, superior a la velocidad de la luz. Las zonas más distanciadas se alejan tan rápidamente que ni siquiera la luz podrá contrarrestar el efecto de la expansión. Así pues, el mapa celeste de la sonda espacial *Planck* revela que más allá del universo visible existe una realidad que no está a nuestro alcance: un Más Allá.

En cualquier caso, debemos agradecer nuestra existencia precisamente a esa parte del cosmos que se nos escapa. Un universo que estuviera al alcance de nuestra percepción sería mucho más pequeño, y probablemente no habría permitido nuestra existencia. O bien no habría habido la suficiente cantidad de materia para formar los cuerpos celestes, o éstos se habrían hundido bajo su propia gravitación mucho antes de que los seres humanos hubiéramos tenido tiempo de evolucionar.

El mapa celeste nos muestra con más claridad el frágil equilibrio sobre el que se sostiene nuestro mundo, a la vez que revela lo poco que sabemos sobre nuestro propio entorno. Las manchas que aparecen en la imagen de la radiación de fondo son los embriones de las galaxias, los lugares en los que se concentró la materia que posteriormente dio lugar a los cuerpos celestes. Y si la materia se concentró, fue gracias a su gravitación. Pero son pocas las masas del cosmos conocido que llegan a tener la gravitación necesaria para aparecer en las tomas.

La dimensión de nuestra ignorancia se puede calcular con decimales a partir de la información recopilada por la sonda espacial *Planck*. Un 84,5 % de la materia es «oscura», una forma amable de expresar que en la actualidad no tenemos ni la más remota idea de qué la compone. Lo único que sabemos con certeza es que ese mundo oscuro existe, igual que existe el universo no visible, y que también es responsable de nuestra existencia. Y es que, sin esa materia oscura, los gases del universo no se habrían condensado para formar los cuerpos celestes. Sin materia oscura, jamás habría brillado ninguna estrella y su fuego no habría producido oxígeno ni carbono, los elementos fundamentales para que exista la vida.

Tras las estructuras del mapa celeste parece ocultarse una feliz coincidencia: el cosmos es inmenso y, por esa misma razón, también es estable. Contiene la materia oscura que permite que las estrellas brillen y la energía suficiente para que el cosmos se expanda sin que se desintegren las galaxias y los sistemas planetarios que todavía se están formando. Ya desde la primerísima vez que se iluminó, hace trece mil ochocientos millones de años, brilló un universo capaz de producir vida: la nuestra.

«Si es usted religioso, podríamos decir que es como contemplar el rostro de Dios.» Con estas palabras comentó George Smoot en 1992 las primeras imágenes de la radiación de fondo. Estas tomas, por las que el físico estadounidense más adelante recibió el Premio Nobel, todavía eran muy imprecisas. Hoy en día podemos admirar la primera luz del mundo en todo su esplendor.

La salida del planeta azul por el horizonte de la Luna nos mostró por primera vez la Tierra como un oasis en la inhóspita inmensidad del universo. Pero el mapa celeste de la radiación de fondo, por muy abstracto que sea su aspecto, revela un cosmos favorable a la aparición de vida. Es casi como si el universo hubiera sabido que llegaríamos.

3

CABALGANDO SOBRE UN RAYO DE LUZ

Un joven se pregunta qué es la luz. Reflexionando sobre ello, halla una manera de explicar el mundo, una revelación sobre el espacio y el tiempo. Sin embargo, la luz siguió siendo un enigma para Albert Einstein hasta el día de su muerte.

Cuando tenía diez años me atormentaba un sueño recurrente: el cielo se oscurecía y el Sol se apagaba por completo. Todo perdía su color. Bajo una luz pálida, una hilera interminable de mujeres, hombres y niños, todos cargados con maletas, esperaban frente a una puerta que daba a un túnel. Sé que el Sol no volverá a brillar, que se ha apagado definitivamente, y todo está ya muy oscuro. Mis padres me toman de la mano, nos sumamos a la cola y esperamos para iniciar el camino hacia el infierno.

Siempre que lo soñaba me despertaba igual de desconcertado que la primera vez. Lo que más me asustaba del sueño no era la oscuridad en sí misma, sino la idea de que pudiera durar para siempre y tuviéramos que vivir en un mundo sin luz. Gracias a esa pesadilla me di cuenta de lo mucho que dependía del Sol. Era consciente de que necesitaba a ciertas personas, aunque lo único que sabía acerca del Sol era que sale cada mañana por la rotación de la Tierra sobre su propio eje, aunque eso no bastaba para tranquilizarme. ¿La Tierra nunca se cansará de moverse? ¿Y qué impide que se extinga el Sol? ¿Qué lo mantiene encendido? ¿Qué es, en realidad? ¿Luz?

Mi padre era químico y mi madre también, igual que todos sus amigos. A veces los acompañaba al laboratorio y me dejaban hacer experimentos. Me daban unos polvos con los que conseguía llamaradas azules y verdes, y también termos llenos de nitrógeno líquido. Me sentía como si estuviera en el País de las Maravillas. En una ocasión sumergí una pelota de goma en aquel líquido helado y la volví a lanzar contra el suelo. Se rompió en mil pedazos.

—¿Por qué? —pregunté.

—Porque el frío ha convertido la pelota en una bola de hielo —dijo mi padre, que tenía explicaciones para todo.

Así pues, hice de tripas corazón y le pregunté qué era la luz. Lo que no revelé fue la causa de mi curiosidad, y es que no me apetecía nada contarle lo del sueño recurrente.

—La luz está formada por unas partículas invisibles —respondió mi padre— que se llaman *fotones*.

Me imaginé fotones de sol lloviendo sobre la Tierra, rayos de luz impactando contra mi piel como pequeños chubascos.

—Por eso el Sol irradia calor —prosiguió mi padre—: porque nos manda energía en forma de fotones. Sin esa energía, moriríamos.

Muchos años después pude experimentar el golpeteo de esa lluvia de fotones. Ocupaba un asiento en una gran aula de física de la Universidad de Múnich, y empezaba a aburrirme cuando el profesor nos mostró un cochecito con un tubo negro encima. Dentro del tubo había una bombilla de poca potencia y un detector. Nos explicó que la célula fotoeléctrica del detector era capaz de contar los fotones, uno tras otro, y que cada vez que un fotón entrara en contacto con el detector, oiríamos un ruido. Cuando encendió el dispositivo, al principio no apreciamos más que un murmullo. Sin embargo, en cuanto el profesor apagó la luz, se hizo un breve silencio y enseguida empezó a sonar algo parecido a una sucesión de gotas escapando de un grifo mal cerrado: tac, tac, tac...

Eran señales de vida de las partículas a las que debíamos nuestra existencia, las que nos obsequian con los días y las noches, los reflejos del agua, el resplandor de la nieve y la luz de la Luna, los colores de una pompa de jabón, del arco iris y las llamas de las velas en invierno.

Sin embargo, la luz no se limita a transmitir energía; también transfiere información. Pasó una década hasta que comprendí de verdad lo que eso significaba, y lo que me abrió los ojos fue una investigación sobre las formas de vida en las aguas abisales. Unos biólogos marinos me habían invitado a su buque oceanográfico. Estábamos fondeados frente a la costa californiana y admirábamos en la pantalla de un televisor las imágenes que nos mandaba un robot subacuático desde miles de metros de profundidad. Por lo general, la imagen de los monitores era negra, pero cada vez que aparecía algún destello, muy de vez en cuando, gritábamos de alegría: significaba que un habitante de las aguas abisales se había dejado ver. De repente comprendí que ese mundo no sólo tenía que ser frío, sino que por fuerza debía de ser también ignorante, y me di cuenta de que donde reina la oscuridad eterna no puede surgir inteligencia. Los seres que viven en las profundidades y se alimentan de restos procedentes de las capas marinas superiores que quedan iluminadas por el Sol no saben qué tienen a su alrededor. Rapes y crustáceos luminosos, calamares vampiros y peces linterna, cada uno a su manera, han desarrollado órganos capaces de generar luz para arreglárselas en un entorno tan oscuro. Sin embargo, esos destellos generados por las bacterias luminosas que viven dentro de sus cuerpos son demasiado tenues para alumbrar más allá de su entorno más próximo. Por ese motivo no pueden ser conscientes de que su hábitat se reduce a una parte minúscula del mundo. ¿Cómo van a saber que por encima del mar hay un firmamento lleno de estrellas?

Los humanos también percibimos solamente un fragmento diminuto de la realidad. Durante mucho tiempo, nuestros antepasados creyeron que la Tierra era el centro del universo. Tuvieron que pasar miles de generaciones para que empezáramos a comprender que nuestro planeta era simplemente uno más en el cosmos. Pero, a diferencia de lo que ocurre con los peces abisales, nosotros somos capaces de formular preguntas. Ya desde pequeños queremos saber qué hay a nuestro alrededor, de dónde somos. Intuimos que formamos parte de algo mayor, que pertenecemos a una realidad que en el mejor de los casos podremos conocer sólo de un modo parcial. Las preguntas nos catapultan más allá de ese mundo tan reducido que se encuentra al alcance de nuestra percepción.

Hace algo más de cien años, un estudiante preguntó si es necesario comprender la luz para comprender el mundo. Puede que las únicas personas capaces de pensar de ese modo sean las que todavía no han tenido tiempo de adquirir prejuicios y crearse convicciones firmes.

Sin duda, ese joven tenía motivos para reflexionar acerca de la luz, y es que su padre se ganaba la vida con ello. En 1886, la fábrica electrotécnica de Múnich Einstein & Cie. recibió por primera vez la concesión para iluminar la Oktoberfest. Un reportaje del *Oktoberfest Zeitung* se deshizo en elogios hacia «el fulgor suave, y a la vez intenso, de las lámparas de arco eléctrico, que proyectaron una luz digna de cuento de hadas sobre los miles de asistentes». Tres años después, la empresa planificó el cableado de la ciudad de Schwabing, que posteriormente pasó a formar parte de Múnich. Albert echaba una mano en la empresa de su padre, explicaba a sus compañeros de clase cómo funcionaba un teléfono y leía libros de divulgación científica. A la edad de quince años redactó su primer artículo científico sobre la propagación de la luz en el vacío. También se preguntó cómo sería perseguir la luz. Si alguien consiguiera alcanzar la velocidad de un rayo de sol, ¿podría percibir la luz? ¿Y cómo sería cabalgar sobre un rayo de luz?

Durante once años se volcó en la resolución de ese problema, hasta que, en el verano de 1905, por fin encontró la solución. Escribió dos artículos y los mandó a la prestigiosa revista científica *Annalen der Physik*. En el primero, Albert Einstein definió la luz, mientras que en el segundo explicó cómo se puede conocer el universo a partir del conocimiento de la luz.

Esos dos artículos cambiaron el mundo. El primero abordaba la luz como forma de energía. A partir de ahí se desarrolló la teoría cuántica, la física de las partículas más minúsculas. Trataba sobre un curioso mundo que veremos en el capítulo 5 de este libro. En ese mundo, la naturaleza pega brincos, las partículas atraviesan muros y las cosas suceden sin motivo aparente. En el segundo artículo, Einstein se centró en la luz como información. Con ello sentó las bases de la teoría de la relatividad y explicó de nuevo el espacio y el tiempo.

Así pues, ese verano de 1905 no sólo se amplió el horizonte de la humanidad, sino que, además, se amplió en dos sentidos: la teoría cuántica demostró el funcionamiento del mundo al nivel más microscópico, la composición de todas las cosas; la teoría de la relatividad, la naturaleza de nuestro cosmos. Fue como si los peces abisales hubieran descubierto, de repente, que nadaban en el agua, que los océanos tienen orillas y que más allá de la costa hay tierra. (Y, por si no fuera suficiente, Einstein publicó ese mismo año otro artículo en *Annalen der Physik* para demostrar lo que muchos eruditos todavía negaban en 1905: la existencia del átomo.)

¿Cómo pudo llegar tan lejos un joven de veintiséis años, empleado de tercera clase en la oficina de patentes de Berna, al que ninguna universidad había querido contratar una vez finalizados los estudios de física? El punto de partida de Einstein fue la pregunta que le había preocupado desde la escuela primaria: ¿cómo se mueve la luz? Por aquel entonces ya se sabía que la velocidad de la luz, la escalofriante cifra de trescientos mil kilómetros por segundo, no depende de si la fuente de luz está en movimiento. Hay enigmas que se resuelven tras un análisis minucioso, paso a paso. Pero hay otros que se resisten, y cuanto más se dedica uno a ellos, más insondables parecen. Para los contemporáneos de Einstein, la propagación de la luz formaba parte del segundo grupo.

Isaac Newton, el padre de la física moderna, había explicado que la luz estaba formada por corpúsculos de materia. Pero las cosas se acercan a más velocidad cuando te mueves hacia ellas, y más despacio cuando te mueves en sentido contrario, alejándote de ellas. Toda la materia obedece a esta simple ley del movimiento: coincide con la experiencia vital en la que se basa la mecánica de Newton. La luz, en cambio, siempre mantiene la misma velocidad. Así pues, no puede estar formada por corpúsculos. La luz no es materia.

Una vez refutada la teoría corpuscular de Newton, se buscó otra explicación: la luz tenía que ser como una onda. Las ondas son oscilaciones de la materia. Las olas se propagan por el océano y el sonido, por el aire. Pero ¿cuál es el medio por el que oscila la luz? Por lo visto, se propaga por el vacío; de lo contrario, no nos llegarían los rayos de sol. Por más que los físicos del siglo XIX se dedicaran a investigarlo, lo cierto es que no encontraron ningún medio en el que la luz pudiera oscilar. Por tanto, no puede establecerse una analogía entre la luz y una ola en el océano. Pero tampoco se comporta como si fuera materia. Entonces ¿qué es? Así estaban las cosas cuando Einstein empezó a pensar en ello. Einstein no se dejó confundir por esa dualidad y confió en el poder de su imaginación. «La fantasía es más importante que los conocimientos, porque los conocimientos tienen límites, mientras que en la fantasía cabe el mundo entero», respondió en una ocasión en la que le preguntaron cómo había llegado a sus descubrimientos. ¿La luz podía estar formada por partículas ingrávidas? La posibilidad de que pudiera haber partículas sin masa se consideraba un verdadero disparate. Pero esa hipótesis resolvía todos los problemas. Puesto que las partículas sin masa no son inertes, no pueden frenarse ni acelerarse, y eso explicaría que la luz se desplace siempre a la misma velocidad. Además, el concepto de partículas sin masa explica también lo que ocurre cuando la luz encuentra un obstáculo. Un dispositivo de medición lo suficientemente preciso, como ya sabía Einstein, registraría los impactos como si la superficie hubiera sido bombardeada con proyectiles minúsculos. Esos impactos de partículas eran el golpeteo que yo había oído en la clase de física: tac, tac, tac...

No obstante, por muy seductoras que sonaran sus ideas, ni el mismo Einstein estaba muy seguro de ellas, por lo que prefirió expresarlas con cautela. La radiación se comportaba «como si fueran cuantos de energía independientes entre sí», escribió en el verano de 1905. Con eso estaba todo dicho: la luz es pura energía. Y esa energía se concentra en paquetes minúsculos, los fotones. Son partículas sin masa. Con su teoría, Einstein pudo explicar todas las mediciones.

¿Con ello resolvió el enigma? Las palabras *como si* deben servirnos de advertencia. Nadie debe creer que eso le sirvió para comprender la verdadera naturaleza de la luz. Simplemente se aproximó bastante a la resolución del misterio. Pero todo lo que podemos imaginar estará impregnado por nuestra experiencia cotidiana. Incluso en los sueños más improbables nos vemos rodeados de cosas que podemos ver y tocar. Sin embargo, el mundo que Einstein nos presenta tiene un aspecto completamente distinto e inusual: en él existen cuantos de energía que no tienen masa y mucho menos dimensión, pero que se comportan como si fueran partículas.

Einstein no estaba dispuesto a dejarse convencer por una idea sólo porque ésta encajara dentro de los requisitos planteados. Por eso puso a prueba sus teorías con experimentos hipotéticos que sólo sirvieron para confirmarlas. Sus descubrimientos son el resultado de dudar hasta un punto prácticamente masoquista.

En el año 1922 se le otorgó el Premio Nobel de Física, aunque sólo por una pequeña parte de su obra. Einstein recibió el galardón por la fórmula que establecía la relación entre energía y frecuencia de oscilación de la luz. En cambio, se le negó de un modo explícito el más alto reconocimiento científico por la visión de futuro que le permitió reconocer la existencia de los fotones. La imaginación de Einstein superó por completo a la Real Academia Sueca. El comité no le otorgó el premio por la teoría de la relatividad, con la que Einstein dio una nueva explicación a los conceptos de tiempo y espacio. Aseveraciones tales como que viajando a altas velocidades envejecemos más lentamente, que la luz puede curvar el espacio y que el futuro y el pasado dependen de los ojos del observador les parecieron demasiado fantasiosas para merecer una medalla a la mayoría de los miembros del jurado sueco. Tal vez consideraron que la teoría de la relatividad era demasiado perturbadora, porque llegaron al punto de prohibir a Einstein que mencionara esos conceptos en el discurso de agradecimiento. Sin embargo, cuando se enteró de la inminente concesión del galardón, ya había embarcado rumbo a Japón para dar un ciclo de conferencias, por lo que de todos modos no tuvo ocasión de recoger el Premio Nobel en persona.

Aun así, Einstein se limitó a perseguir sus especulaciones acerca de la luz hasta el punto que la lógica le permitió. Buscando una explicación para la energía de la luz, llegó hasta los fotones. La teoría de la relatividad, en cambio, describe la luz como portadora de información. El principio es muy simple: teniendo en cuenta que la luz se mueve muy rápido, sólo nos permite ver una parte del mundo. Solamente percibimos los fenómenos cuya luz llega hasta nosotros, de manera que la luz acaba determinando nuestro conocimiento del mundo.

En la vida diaria nos paramos poco a pensar por qué la luz se propaga a tanta velocidad. Al fin y al cabo, en la Tierra no miramos a distancias especialmente largas. Sin embargo, esta visión se asemeja de algún modo a lo mencionado sobre los peces abisales: que apenas son capaces de percibir su entorno más próximo. Si levantamos la vista hacia el cielo, en cambio, la velocidad de la luz se vuelve mucho más relevante. Para que nos llegue desde la Luna, la luz viaja durante un segundo antes de llegar a nosotros; desde el Sol, ocho minutos, y desde los planetas más periféricos, como Neptuno, cuatro horas. Por consiguiente, podemos afirmar que, cuando miramos muy lejos, en realidad estamos contemplando el pasado.

Más aún, la luz establece lo que experimentamos como pasado, presente y futuro, en contra de lo que nos dicta la intuición. Ésta toma el tiempo como base para registrar todas nuestras vivencias. Por eso tenemos la sensación de que el tiempo no depende de nada más, de que es absoluto. Y por eso creemos también que presente, pasado y futuro significan lo mismo en todas partes. Sin embargo, esa misma intuición nos hace creer que la Tierra es plana. Einstein, en cambio, sometió la intuición a una ley natural: a la velocidad constante de la luz. Einstein se dio cuenta de que todo lo que podemos decir sobre el espacio y el tiempo depende de la luz, y llegó a la conclusión de que nuestra percepción del pasado y del futuro se basa en el hecho de que la luz se mueva a tan alta velocidad. ¿Por qué las leyes naturales tendrían que darnos la satisfacción de coincidir con nuestra intuición?

Tomemos a dos personas, Alice y Bob. Si Alice observa dos relámpagos simultáneos a la misma distancia, dirá que los dos relámpagos cayeron al mismo tiempo. Bob, que en esos momentos pasaba junto a Alice a gran velocidad, percibe la situación de un modo completamente distinto: él volaba en dirección a uno de los relámpagos y se alejaba del otro, por lo que la luz del relámpago hacia el que se acerca le llega antes que la del relámpago del que se aleja. Es decir, que antes ve un relámpago y después otro. Lo que Alice ha experimentado «al mismo tiempo», a ojos de Bob ha sucedido «antes» y «después». Cuando Alice percibe los dos relámpagos, Bob ya ha visto uno y todavía tiene que ver el segundo. Lo que para ella es presente, para él es pasado o futuro. Einstein comprendió que no había motivos para considerar que uno tuviera razón por encima del otro. No queda más remedio que despedirnos de la idea de que el tiempo es igual para todos. Cada cual vive en su propio tiempo.

Llama mucho la atención que los que viajan a altas velocidades envejezcan más despacio. Sin embargo, lo que puede parecer una afrenta para nuestra intuición se explica a partir de las propiedades de la luz. Como es natural, a las velocidades que nos movemos habitualmente no notamos ese efecto, pero sí se puede apreciar, por ejemplo, en unas partículas elementales: los muones. Normalmente tardan menos de una millonésima de segundo en desintegrarse. No obstante, cuando se precipitan desde el espacio hasta la Tierra a gran velocidad, sobreviven más tiempo. Por consiguiente, no cabe duda de que la vida de las personas también podría prolongarse dentro de una nave espacial que viajara muy rápido.

Constatar que el tiempo se demora a altas velocidades permitió a Einstein resolver el enigma que tanto lo había atormentado de niño: ¿cómo sería cabalgar sobre un rayo de luz? Cuanto mayor sea la velocidad, más despacio pasarán las horas. Y si se alcanza la velocidad de la luz, el tiempo se detiene. Para la luz, el tiempo no avanza. El jinete de un rayo de luz viviría en un presente eterno.

Pero esa posibilidad contradice la teoría de la relatividad. ¿Por qué Einstein no se dio cuenta de ello hasta que hubo terminado sus tres grandes publicaciones en el verano de 1905? Una vez más, tenía serias dudas acerca de sus propias conclusiones. «La reflexión es divertida y tentadora, pero quién sabe si al Señor le pareció divertido engatusarme», le escribió a un amigo. De todos modos, hizo llegar un apéndice a *Annalen der Physik*. En tan sólo tres páginas demostró cómo, a partir de la velocidad constante de la luz, se desprende que la masa de un cuerpo aumenta con la aceleración. En ese incremento de la masa se encuentra la energía de la aceleración. Si la velocidad del cuerpo se acerca a la de la luz, la masa del cuerpo aumentará a un ritmo desproporcionado, hasta el punto de volverse más pesado que veloz. Por eso no podrá alcanzar jamás la velocidad de la luz. La energía necesaria para tanta aceleración se convierte, por tanto, en masa. Einstein remató ese breve cálculo con una sola frase que servía de conclusión y de aviso: «La masa de un cuerpo determina la energía que contiene».

La masa es energía. $E = mc^2$. Así es como conocemos la fórmula hoy en día, aunque Einstein la escribió todavía como $E = mv^2$, porque por aquel entonces todavía no se utilizaba la *c* como símbolo de la velocidad de la luz. Esta relación hizo posible la bomba atómica, pero también sentó las bases de la cosmología moderna. Einstein necesitó diez años más para determinar las consecuencias de la equivalencia entre masa y energía. En otoño de 1915 publicó la *Teoría de la relatividad general*, la obra maestra con la que explicó cómo la energía, alias *masa*, determina el espacio y el tiempo.

Al cabo de cuatro años se confirmó su teoría y, de nuevo, la luz tuvo un papel decisivo: los astrónomos aprovecharon el eclipse total de Sol del

29 de mayo de 1919 para comprobar que las estrellas visibles cercanas al Sol parecían desplazadas respecto a su posición habitual en el cielo. Esa observación encajó exactamente con el pronóstico de Einstein: la masa del Sol curva el espacio y, con ello, desvía la luz de las estrellas. Normalmente no se percibe ese efecto porque el Sol eclipsa las luces más débiles con su resplandor. Sin embargo, cuando la Luna cubre el Sol, la distorsión salta a la vista.

Einstein consiguió resumir toda su teoría de la relatividad en una única fórmula. En un lado de la ecuación encontramos la energía y la materia, mientras que en el otro tenemos el espacio, el tiempo y su distorsión. Estas dimensiones quedan relacionadas entre sí mediante la velocidad de la luz. Con esa equivalencia, Einstein y sus colegas empezaron a hacer cálculos. Los resultados arrojaron por la borda todas las ideas acumuladas hasta el momento acerca del cosmos. La teoría de Einstein comportaba ideas aparentemente abstrusas: el universo se expande. Las nubes gaseosas se contraen y encienden estrellas que originan los elementos. Cuando se extinguen, las estrellas implosionan, se convierten en agujeros negros de luz y materia y sus ondas gravitatorias siguen latiendo en el espacio exterior.

El mismo Einstein a menudo dudó que fuera posible demostrar todos los postulados de su teoría. Un protocolo de la Academia Prusiana de las Ciencias del año 1916, por ejemplo, documenta hasta qué punto era prudente y visionario: Einstein demostró a todos sus colegas que las ondas gravitatorias tenían que existir, pero se limitó a afirmar que esas contracciones rítmicas del espacio eran demasiado débiles para ser objeto de medición. En efecto, tuvieron que pasar exactamente cien años para que los físicos estadounidenses pudieran registrar por primera vez las ondas gravitatorias. La señal descubierta en 2016 revela la colisión de dos agujeros negros que se encontraban a mil millones de años luz de la Tierra.

Las reflexiones de Einstein acerca de la luz le permitieron identificar un mundo en el que espacio, tiempo, masa y energía dejan de ser medidas independientes entre sí. Lo que a un observador le parece simultáneo, otro lo percibe antes o después. Y el presente de uno, para el otro, ya queda en el pasado o todavía es futuro. Las masas deforman el espacio, la materia se transforma en energía.

En un mundo así lo importante no son las cosas, sino los acontecimientos. No importan los objetos tangibles, sino la energía y la información. En un mundo así pueden existir los ordenadores, las células solares, la navegación por satélite e internet, pero también los reactores nucleares y las bombas de hidrógeno. Todos esos inventos fueron posibles gracias a los descubrimientos de Einstein acerca de la luz.

Einstein nunca renunció a responder las preguntas que se hacía de pequeño. Hasta el final de su vida, fue incapaz de resignarse a que las partículas de luz sin masa tuvieran propiedades que superaban incluso su capacidad de imaginación. Así se lo escribía en 1951, unos meses antes de morir, a su amigo de juventud Michele Besso: «Todos estos años de cavilaciones conscientes no me han permitido explicar qué son los cuantos de luz. Hoy en día, cualquier patán cree saberlo, pero se equivocan».

El camino del conocimiento no es una escalera recta, sino de caracol. Quien sube por ella da varias vueltas sobre sí mismo y vuelve a quedar orientado hacia el mismo lugar que al principio, si bien en un nivel superior.

4

EL FRACASO DEL ESPÍRITU DEL MUNDO

Un huracán arrasa Alemania y nadie ha sido capaz de prever el temporal. Los motivos por los que el mundo es impredecible y un elogio del universo creativo.

Hablamos por teléfono con máquinas que hablan, dejamos que dispositivos de navegación nos guíen por lugares que desconocemos y pronto confiaremos nuestras vidas a coches que se conducirán solos. Me sorprende tener amistades que, a pesar de haber elegido a su pareja, se hayan separado y ahora sean felices con hombres y mujeres que un ordenador ha seleccionado para ellos. En principio, no me parece mal que las máquinas influyan en mis decisiones. En mi teléfono móvil tengo una aplicación que promete saber el tiempo que hará los próximos catorce días, hora a hora. Al principio de la semana, me tranquiliza ver el icono de un sol el sábado a las cuatro de la tarde, porque eso me permitirá celebrar la fiesta en el jardín que tengo anotada en la agenda, mientras que el símbolo de chubascos del domingo me hace dudar con mucha antelación de si podré dar un paseo en piragua, tal como tenía previsto.

Los meteorólogos pueden estar orgullosos de lo mucho que ha avanzado su especialidad. En

Francia, a principios de la Edad Moderna, ejecutaban en la rueda a los profetas que vaticinaban el tiempo porque se consideraban estafadores. Bismarck prohibió la implantación de un servicio meteorológico estatal bajo el pretexto de que un funcionario prusiano no podía equivocarse jamás. Hoy en día, en cambio, los meteorólogos forman parte de estructuras millonarias que permiten obtener una previsión precisa del tiempo que hará en el futuro.

El pronóstico meteorológico para el día siguiente suele cumplirse con una probabilidad de acierto superior al 70 %. El pronóstico para los tres días siguientes en la actualidad es más fiable incluso que el que se emitía para el día siguiente en mis tiempos de estudiante. Por supuesto, debemos agradecer ese nivel de precisión a la informática. El superordenador Cray 1, refrigerado con freón líquido, con el que el Centro de Previsiones Meteorológicas a Plazo Medio inició una nueva era en 1979, llevaba a cabo cien millones de operaciones por segundo. Hoy en día, un reloj inteligente como el Apple Watch es treinta veces más rápido. Los equipos actuales del servicio meteorológico son tan potentes que pueden segmentar el cielo que cubre Alemania en áreas de sólo tres kilómetros, de manera que cada pueblo tiene su pronóstico específico. Para ello, los ordenadores procesan un flujo de datos de más de diez mil estaciones meteorológicas, miles de aviones y barcos y docenas de satélites.

El mundo está reticulado, registrado y convertido en información que las máquinas pueden interpretar: nos hemos acercado de un modo asombroso al sueño del marqués Pierre-Simon Laplace. En 1814, este astrónomo parisino especulaba sobre una inteligencia perfecta, «tan amplia que sería capaz de someter todos los datos a análisis». A ese espíritu del mundo, conocido como *demonio de Laplace*, no se le podría ocultar nada. Sin embargo, Laplace no se refería sólo a la vigilancia global, sino que esa inteligencia perfecta tendría, según escribió, el don de visualizar el futuro. Porque todo lo que sucede está sometido a las leyes naturales, y saber con exactitud el estado del mundo hoy permitiría calcular la situación en la que se encontrará mañana. Para Laplace, esta reflexión no era más que una distracción filosófica de carácter lúdico. Sus contemporáneos no podían imaginar que el análisis masivo de datos pudiera llegar a existir algún día. Ese demonio era un ser metafísico, concebido para demostrar el valor de las leyes naturales y, poco a poco, apartar a Dios de su trono. Para los contemporáneos de Laplace, la cuestión era decidir si creían que el mundo era previsible o no.

Sin embargo, hoy en día esa visión no nos parece tan fantasiosa. Sólo siete décadas después de que el inventor Konrad Zuse pusiera en marcha el primer ordenador programable en Kreuzberg (Berlín), ya podemos analizar tantos datos como deseemos. Sólo es necesario disponer de la cantidad suficiente de ordenadores. El demonio ha encontrado su hogar en los procesadores, y puesto que el rendimiento de las computadoras se duplica cada año y medio, parece inevitable que podamos prever el futuro de un modo cada vez más preciso.

Las multinacionales de internet y los servicios secretos, que hoy en día disponen de una enorme capacidad de cálculo, quieren pronosticar el comportamiento de la gente con todo detalle. Les gustaría saber qué publicidad nos atrapará y dónde podría producirse el próximo ataque terrorista. Los médicos esperan poder prever las enfermedades gracias a la información genética, mientras que los neurólogos, e incluso algunos filósofos, consideran que nuestro cerebro es una causa abierta para el demonio de Laplace. Sueñan con un modelo matemático para todo lo que nos sucede. ¿Debe extrañarnos, pues, que la ciencia intimide a tanta gente? Bajo esa inquietud subyace la preocupación de que explicar el mundo implique que éste pierda su magia, y la gente, la libertad. Queremos ser imprevisibles.

La creencia de que todo cuanto sucede se basa en unas pocas leyes y de que el mundo se puede calcular, al menos de un modo básico, se denomina *reduccionismo*. Podría considerarse una especie de credo de las ciencias naturales modernas. La investigación consiste en buscar explicaciones sencillas y exhaustivas en la medida de lo posible. Podemos llegar a la Luna porque somos capaces de deducir cómo se mueven los cuerpos en el espacio a partir de la ley de la gravedad. Con las leyes de Darwin sobre la mutación y la selección natural hemos explicado la evolución de todos los seres vivos. Podríamos crear un mundo artificial, lleno de ordenadores y de dispositivos láser, desde que las ecuaciones de la física cuántica nos permitieron comprender la dinámica de los átomos. Todos estos hallazgos contribuyeron al aumento drástico de la confianza en el reduccionismo.

¿A quién le importa que no podamos prever ni siquiera la conducta de una hormiga basándonos en las leyes naturales? Quien cree en el reduccionismo se refugia en la falta de conocimientos detallados. Todavía falta mucho para que seamos capaces de comprender el cerebro de las hormigas. Ni siquiera sabemos cuántas clases distintas de neuronas contiene. No obstante, cuantas más cosas descubramos, mejor podremos predecir la vida de las hormigas. Al menos, ésa es la esperanza.

Los meteorólogos lo tienen más fácil. En la atmósfera no caben los misterios. Ya no es posible creer en espíritus de la lluvia y dioses del trueno; sabemos que las nubes son acumulaciones de cristales de hielo y diminutas gotas de agua. Todas las variaciones meteorológicas se explican a partir de un solo fenómeno: el Sol calienta el planeta Tierra. A partir de ahí, el vapor de agua y el aire seco de la atmósfera se ponen en movimiento, los gases se dilatan, el vapor se condensa y forma gotas que se enfrían hasta convertirse en hielo. Todo eso responde a la física más elemental. Cuando el aire se calienta, pierde densidad y, por consiguiente, tiende a subir, mientras que el espacio que ocupaba cerca del suelo vuelve a llenarse con más aire, lo que genera corrientes: empieza a soplar el viento. El aire y el vapor están formados por moléculas y, como tales, su dinámica está determinada por una ecuación de una sola línea: la ecuación de Schrödinger, la teoría del todo de la vida cotidiana, puesto que la fórmula explica el funcionamiento de toda la materia, al menos bajo las circunstancias que suelen imperar en la Tierra. Determina cómo se forman los cristales, cómo crecen las flores y los árboles, cómo actúan los transmisores dentro del cerebro y también, por supuesto, la meteorología. En la ecuación de Schrödinger sólo intervienen las distancias, las masas y las cargas eléctricas de los núcleos atómicos y los electrones, además de una constante natural. Su precisión es muy alta, más allá de cualquier duda: las mediciones de exactitud se han verificado hasta al menos dieciocho decimales. Así pues, ¿qué impide que los superordenadores sean capaces de predecir el tiempo que hará dentro de tres semanas o durante el verano del año que viene?

Cada noche, después de las noticias, surge una oportunidad para el demonio de Laplace. Sin embargo, en lugar del sol previsto, una tormenta de verano nos sorprende durante la fiesta que celebramos por la tarde en el jardín. O al revés: más del 65 % de las tormentas que predice el servicio meteorológico alemán no llegan a producirse. Lo que ciertas empresas privadas nos venden como pronósticos del tiempo con más de una semana de antelación pocas veces supera el nivel de acierto de una tirada de dados. Aunque todo responde a reglas simples y bien conocidas, los pronósticos fallan.

¿Acaso el demonio está desbordado? El problema me recuerda a las partidas de ajedrez que solía jugar con mi hijo. Quiso aprender a jugar cuando tenía cinco años y, de hecho, tardó media hora en aprender todas las reglas. Sabía mover la torre, el caballo y el alfil, sabía que si llegaba a la línea de base enemiga con un peón podía cambiarlo por una dama y que el objetivo era dejarme en jaque mate. Elias incluso aprendió el enroque del rey. Aun así, se llevó un buen chasco al ver que todo eso no bastaba para derrotar a su padre, y es que sus jugadas no iban a ninguna parte. A pesar de conocer las reglas básicas que establecían todas las normas, Elias demostraba no haber comprendido el ajedrez. Le faltaba la visión, la experiencia que se adquiere con la práctica. Simplemente conociendo las reglas, Elias no fue capaz de evitar movimientos decisivos. Nadie puede hacerlo. Hay que jugar mil partidas y averiguar las posibilidades que permite el juego.

En los albores de la informática, a Claude Shannon, padre de la teoría de la información, se le ocurrió que podía enseñar a las máquinas a jugar al ajedrez. El demonio de Laplace sería imbatible jugando al ajedrez. Puesto que su inteligencia perfecta era capaz de calcular el desarrollo de cualquier partida, seleccionaría el movimiento óptimo en cada situación. No obstante, encontró un problema: los jugadores tienen que elegir entre unos treinta movimientos posibles en cada posición, y en una partida típica las blancas y las negras realizan cuarenta movimientos por turnos, por lo que la cifra de partidas diferentes posibles asciende a 10^{120} variantes (un 1 seguido de 120 ceros). Para determinar todas las partidas posibles, los superordenadores actuales tendrían que pasar 10^{90} años calculando. Dicho de otro modo, un ordenador invencible tardaría el tiempo que lleva existiendo el universo desde el Big Bang multiplicado por varios miles de millones en hacer la primera jugada.

Estas cifras son inconcebibles. Lo mejor es nombrarlas con una palabra fantasiosa que haya salido de la boca de un niño. El sobrino del matemático estadounidense Edward Kasner tenía nueve años cuando se inventó una en 1938. Su tío le había pedido que le propusiera un nombre para la cifra 10^{100}, un 1 seguido de 100 ceros, la cantidad que se obtiene cuando se eleva al cuadrado la cifra de diez mil millones. «Gúgol», dijo el niño sin dudarlo ni un momento.

Por supuesto, el hecho de que *gúgol* se pronuncie igual que el buscador de internet no es ninguna coincidencia. Unos doctorandos de la universidad californiana de Stanford recordaron que aquel niño había creado la palabra cuando, en el otoño de 1997, buscaban un nombre con gancho para un sitio web nuevo, destinado a lidiar con una cantidad inmensa de información. Según se cuenta en Silicon Valley, un joven informático transcribió la palabra de oídas en su terminal, pero la ortografía no era su fuerte.

La cantidad de partidas distintas que permite el ajedrez tiene unos cuantos ceros más que un gúgol, mientras que el tiempo que tardaría una computadora de ajedrez en años tiene unos cuantos ceros menos. Aun así, unos ceros de más o de menos tampoco es que sean tan importantes con magnitudes de semejante calibre, porque de todos modos se trata de cifras que no están a nuestro alcance. El gúgol marca un límite hacia lo infinito. Aunque se considera una cifra corriente, es tan colosal que ni siquiera se contempla la eventualidad de realizar cálculos con esa cantidad de posibilidades. Pero volveremos a encontrarnos el gúgol más adelante.

Es inútil basar nuestras esperanzas en las mejoras tecnológicas. Por ejemplo, la computadora de ajedrez tendría que almacenar en alguna parte todos los datos que generase. Pero no es posible fabricar una memoria con la capacidad suficiente para almacenar un programa de ajedrez invencible. Porque para guardar toda esa información se necesita materia (ya sea una hoja de papel, un cerebro o un chip informático), y puesto que toda materia está compuesta de partículas y éstas no se pueden comprimir infinitamente, la capacidad de almacenar datos siempre constituirá una limitación. La memoria más extensa que se puede imaginar es el universo visible: la parte del universo cuya luz llega hasta nosotros, y da la casualidad de que la cantidad de datos que podrían caber en todas las partículas existentes en el universo coincide aproximadamente con la cifra de variantes posibles que se pueden dar en una partida de ajedrez.

Así pues, el demonio de Laplace no podría jugar al ajedrez, y jamás podrá fabricarse una computadora de ajedrez perfecta. Los programas existentes persiguen objetivos más modestos. En lugar de calcular todas las posibilidades, averiguan solamente los movimientos más prometedores, lo que acelera mucho el proceso. De todos modos, necesitan un conocimiento previo de lo que suele funcionar cuando se juega al ajedrez. El dispositivo estará programado también en determinadas posiciones, en la apertura y al final del juego, o incluso en las ocasiones excepcionales, por ejemplo, cuándo vale la pena sacrificar una dama por un alfil, del mismo modo que yo se las conté a mi hijo para que aprendiera. A partir de esto, la computadora y el niño ya no eligen los movimientos únicamente en función de las reglas básicas del juego, sino también a partir de la experiencia que se les ha transmitido. Por consiguiente, el programa prescinde de un pronóstico fiable y se conforma con un índice de probabilidad. Eso lo convierte en vulnerable, puesto que basarse en la experiencia puede llevar a error en determinadas situaciones. Las computadoras de ajedrez capaces de ganar a los mejores ajedrecistas vendrían a ser los tuertos en un mundo de ciegos. Aunque no puedan ofrecer un pronóstico perfecto, sí superan la capacidad del intelecto humano para comprender plenamente la complejidad del juego.

Comparado con la meteorología, el ajedrez es un caso sencillo. Consiste en sólo treinta y dos figuras y sesenta y cuatro casillas, un planteamiento que ya permite billones de combinaciones distintas. En la atmósfera terrestre, en cambio, el número de sucesos es inconmensurablemente mayor. Una sola respiración, un cuarto de litro de aire, contiene 10^{22} moléculas de oxígeno y nitrógeno, y toda la atmósfera tiene un volumen aproximado de 10^{22} litros. (Eso es un 1 seguido de 22 ceros. Enrico Fermi, que en 1942 consiguió la primera fisión controlada de un núcleo atómico, ilustró estas cifras de un modo curioso: cada vez que tomamos aire, aspiramos moléculas de oxígeno del último aliento de Julio César. En los dos milenios que han transcurrido desde entonces, el aire que el dictador exhaló a las puertas de la muerte se ha distribuido uniformemente por toda la Tierra. Eso significa que cada litro de aire contiene una media de una molécula del último aliento de César.)

Jamás ningún cerebro o computadora del mundo será capaz de comprender íntegramente esta dinámica. Si para los programas de ajedrez resulta imposible calcular todas las situaciones eventuales sobre un tablero tan pequeño, es evidente que todavía se encuentra mucho más lejos la posibilidad de predecir todos los estados posibles de la atmósfera. Entonces se nos presenta un extraño dilema: por un lado, la meteorología no responde más que al movimiento del aire y del vapor de agua en función de leyes elementales. Esa dinámica, por sí sola, es la responsable de la nieve y las tormentas, de los cielos radiantes de color azul y de la lluvia; por otro lado, en las leyes simples que lo rigen todo no pueden visualizarse los frentes tormentosos. Para interpretar la forma de un simple cirrocúmulo a partir de estas reglas, las computadoras digitales más rápidas tardarían varias veces la edad del universo y generarían más datos de los que cabrían en la inmensidad del cosmos. Quien no estudie más que las leyes naturales elementales nunca llegará a saber nada sobre el granizo, el monzón, los tornados, la lluvia gélida o los períodos de buen tiempo. La diversidad de la naturaleza se revela sólo ante quien la observa.

El reduccionismo no es tan fiero como lo pintan, si tenemos en cuenta que todo el universo en forma de ordenador no bastaría para sacar conclusiones útiles a partir de las partículas elementales. La única solución consiste en cambiar de perspectiva y pensar en nubes, vientos y zonas de bajas presiones.

En casos como éste se revela la complejidad del mundo. Pero quien consiga librarse de la pedantería del demonio sabrá reconocer patrones a su alrededor. Al fin y al cabo, a la materia le encanta organizarse. Las moléculas se agrupan y se forman nubes en el cielo. Por eso no tiramos la toalla en nuestro empeño de predecir el futuro. La computadora de ajedrez o los proverbios campesinos son modelos que prescinden de las particularidades y se centran en predicciones generales. A menudo, los detalles no importan demasiado y es preferible tener una imagen global. En cualquier caso, lo mejor es adelantarse a lo que tiene probabilidades de suceder. En el caso de procesos simples, las probabilidades serán muy altas. Para poder sopesar el pronóstico de la temperatura de ebullición del agua para el té, no es necesario saber cómo se mueve cada una de las moléculas del hervidor.

Pero ¿qué patrones influyen en la meteorología? En la atmósfera hay estructuras de todas las medidas que podamos imaginar. Incluso el aire que cabe dentro de un dedal está lleno de perturbaciones microscópicas. En los cúmulos que auguran días espléndidos flotan partículas de agua que no llegan a la milésima de milímetro. Sin embargo, una de esas nubes puede extenderse a lo largo de más de cien metros, mientras que los nubarrones de tormenta pueden superar fácilmente los diez kilómetros, y un torbellino de bajas presiones, los mil kilómetros. Las grandes formaciones, como los inmensos meandros de las corrientes de chorro, envuelven la Tierra y pueden atrapar masas de aire sobre continentes enteros.

Y cada una de esas estructuras, desde la más minúscula hasta la más gigantesca, tiene su propia función. En las corrientes turbulentas de una nube, las minúsculas partículas de agua chocan entre sí, se agrupan hasta formar las gotas visibles y llueve. El enfriamiento del suelo tras la lluvia, a su vez, puede provocar que el tiempo cambie debido a la inestabilidad de la atmósfera, que puede verse alterada, literalmente, por una simple brisa. Las perturbaciones se propagan del mismo modo que una piedrecita puede derribar una larga fila de piezas de dominó. Y, puesto que la Tierra gira, un fenómeno puede tener consecuencias a distancias remotas. Es normal que el tiempo se vuelva impredecible en Alemania si unos días antes han caído fuertes tormentas sobre Norteamérica.

El hecho de que el aleteo de una mariposa pueda provocar un cambio de tiempo en un continente lejano se ha convertido en una especie de proverbio moderno. Lo mencionó un meteorólogo estadounidense, Edward Lorenz, durante una conferencia que dio en 1972 sobre las dificultades de elaborar un pronóstico del tiempo. Con ello no intentaba negar que el mundo obedece a ciertas reglas, sino sólo que es imposible tener en cuenta todos los factores decisivos para la elaboración del pronóstico. No se pueden controlar todos los movimientos de todas las mariposas que hay en todo el mundo.

Una amiga mía sufrió en primera persona el efecto mariposa. Sucedió el segundo día de las vacaciones de Navidad de 1999, cuando cruzaba el Jura de Suabia, en plenos Alpes, en su descapotable. La previsión meteorológica de aquella mañana aseguraba que no había riesgo de nevadas ni temporales. Sin embargo, en la autopista entre Stuttgart y Múnich, Ulrike presenció escenas apocalípticas. Árboles cayendo sobre coches en marcha y remolques de camión volando por los aires. De repente se topó con uno de los huracanes más potentes que se han registrado jamás en Europa.

El drama había empezado durante la Nochebuena en la isla Sable, un banco de arena estrecho que se encuentra frente a la costa canadiense y se conoce como *el cementerio del Atlántico* por la gran cantidad de naufragios que ha provocado. La isla está prácticamente desierta, con la única excepción de cinco empleados de una estación meteorológica. El 24 de diciembre de 1999 soltaron un globo sonda para registrar la temperatura, la presión atmosférica y la velocidad del viento en las capas más altas de la atmósfera. No obstante, la sonda falló y el vuelo quedó interrumpido. Poco después, los ordenadores de los centros meteorológicos europeos empezaban a calcular con los pocos datos que el globo consiguió transmitir antes de fallar. El pronóstico anunciaba fuertes tormentas durante el día de San Esteban sobre el sur de Alemania, pero nunca llegó a hacerse público.

Y es que, justo ciento catorce minutos después del primer ascenso fallido, desde la isla Sable se elevó otro globo sonda. En esa ocasión, los instrumentos de medición funcionaron correctamente, si bien los técnicos olvidaron ajustar el reloj de la sonda a la demora de su lanzamiento. La señal horaria emitida a tierra era casi dos horas posterior, pero en el servicio meteorológico alemán nadie se dio cuenta y sustituyeron la medición anterior por un viento que era veinte kilómetros por hora más lento sin modificar el momento de la medición. La diferencia puede parecer irrelevante, teniendo en cuenta que esos vientos pueden alcanzar los quinientos kilómetros por hora. Al fin y al cabo, las cifras de la isla Sable sólo son un detalle insignificante en el mosaico colosal de fenómenos meteorológicos de todo el mundo, compuesto a partir de las mediciones enviadas por miles de fuentes de datos distintas. Sin embargo, los ordenadores volvieron a realizar los cálculos con esos datos obtenidos que presentaban una desviación mínima, y en esa ocasión el resultado fue completamente distinto: ni una palabra sobre la posibilidad de que hubiera tormentas. Los meteorólogos que estaban de servicio ese día estimaron que los segundos resultados eran más plausibles, por lo que en las noticias de televisión de Nochebuena se prometieron días plácidos, con «el típico deshielo de Navidad».

Entretanto, al sur de las Azores y a partir de una zona de bajas presiones que hasta el momento había sido insignificante, empezaba a formarse un pequeño huracán que también pasó desapercibido. De vez en cuando, los meteorólogos de la Universidad Libre de Berlín asignan nombres a las áreas de bajas presiones, y en este caso se optó por *Lothar*. En las noticias de la noche del primer día festivo de las Navidades se anunciaron por primera vez ráfagas puntuales en el norte de Alemania, si bien se consideraron inofensivas. A esas alturas, el huracán ya asolaba la zona de la Bretaña, y a las cuatro de la madrugada del día siguiente llegó a las cercanías de la ciudad de Brest, en la costa francesa. En el suroeste de Alemania la presión atmosférica se desplomó de repente, a una velocidad nunca vista en Europa Central. *Lothar* se reveló como una *bomba meteorológica*, el término técnico para una perturbación de bajas presiones que evoluciona con gran vehemencia. Hacia las ocho, el huracán arrancó un campanario de la catedral de Ruan; en París, las rachas de viento superaron los ciento setenta kilómetros por hora y levantaron el techo de plomo del Panteón, de mil quinientos kilos de peso. El frente cruzó la frontera belga, y hacia mediodía llegó al norte de Baden y a Hesse. La velocidad del viento siguió en aumento, y en la Selva Negra hizo descarrilar una locomotora diésel. Sólo en Baden-Württemberg, donde mi amiga aguantaba el temporal en su descapotable rojo, cayeron más de cincuenta millones de árboles. Sesenta personas perdieron la vida. Al atardecer, la tormenta fue amainando a su paso por la República Checa.

¿Podría haberse previsto tanta desgracia? Sin entrar en detalles, la catástrofe podría explicarse a partir de la chapuza que habían perpetrado los técnicos canadienses de la isla Sable. Si la segunda sonda hubiera mandado la hora correcta, los servicios meteorológicos tal vez habrían sido capaces de advertir a la población antes de la llegada del temporal. Por otro lado, esa única información errónea entre decenas de miles de valores correctos bastó para invalidar el resto del pronóstico. El desastre del *Lothar* demuestra por qué no hay que albergar esperanzas de poder realizar previsiones meteorológicas infalibles: lo que sucedió esos días de Navidad de 1999 es irremediable, y es que, aunque todos los sistemas funcionaran correctamente, no puede descartarse que pueda haber imprecisiones. Toda medición implica un margen de error más o menos amplio, según el caso. Determinar qué fenómenos tendrán lugar en la atmósfera con exactitud no es posible ni siquiera desde un punto de vista teórico, porque el universo entero no bastaría para reunir la capacidad de cálculo necesaria. Incluso si el demonio de Laplace sólo se propusiera predecir un chubasco, el universo se le quedaría pequeño.

El dilema es, por tanto, ineludible: no podemos procesar toda la información, pero los datos incompletos no permiten elaborar pronósticos perfectos. La única posibilidad que nos queda es convivir con la incertidumbre e intentar reducirla al máximo en la medida de lo posible. Ordenadores más rápidos e instrumentos de medición más precisos permiten obtener una panorámica cada vez más aproximada, de manera que se pueden refinar las previsiones para los días inmediatos, como mínimo. Sin embargo, vuelve a aparecer el efecto mariposa. Los errores crecen con cada cálculo y enseguida se convierten en aberrantes, de manera que imposibilitan cualquier predicción. El banco de niebla que nos impide ver el futuro no ha desaparecido, sino que simplemente se ha retraído un poco.

Las tormentas seguirán sorprendiendo a nuestros descendientes en la Tierra incluso cuando una parte de la humanidad haya conseguido llegar a otros planetas. Nuestro intelecto, por muchos ordenadores que tengamos, debe rendirse a la realidad. No se trata de correlaciones complicadas, sino de que el número de partículas más simples es tan inmenso que derrota cualquier inteligencia.

Eso por no hablar de los caprichos del amor, de las crisis financieras e incluso de la actividad frenética de los hormigueros; todo eso seguirá siendo impredecible. Incluso nuestras cabezas serían capaces de marear al demonio de Laplace si en algún momento les echara un vistazo. El cerebro humano contiene 10^{14} sinapsis, es decir, mil veces más conexiones entre células cerebrales que el número de estrellas que brillan en toda la Vía Láctea. ¿Cómo se las apañaría el espíritu del mundo para predecir las perspectivas de una velada romántica o de una crisis conyugal a partir del estado de las células grises?

Así pues, la naturaleza nos permite vislumbrar sus reglas, pero al mismo tiempo nos prohíbe examinar con detenimiento cómo las aplica. Puede que haya investigadores que lo lamenten, pero a otros contemporáneos les tranquilizará saber que su vida interior seguirá siendo siempre impredecible.

Si yo me alegro de que ese demonio fracase es por otro motivo: porque me recuerda lo maravilloso que es el orden de la naturaleza. Todo cuanto nos rodea está formado por átomos, partículas minúsculas y extremadamente numerosas, y es precisamente la gran abundancia de esos componentes básicos lo que permite que surjan formas de una complejidad indescriptible. En las nubes, los tornados y los cerebros no hay más que átomos, pero puesto que éstos se rigen por reglas simples, a su vez crean nuevos fenómenos como la meteorología, los pensamientos o el amor. Nuestras predicciones fallan porque el universo es creativo.

El físico inglés Paul Davies señaló unas asombrosas propiedades de las moléculas en las que se basa toda forma de vida. Las proteínas y el ADN, que contienen la información genética, son cadenas formadas por cientos o incluso millones de componentes. En el caso de las proteínas, la composición determina la forma, y ésta, a su vez, la función. El ADN, en cambio, alberga el código de la información genética. Sin embargo, es imposible predecir todas las formas proteicas posibles o todas las combinaciones genéticas. Las cadenas son tan largas que, una vez más, ni siquiera el universo entero en forma de ordenador sería capaz de calcular todas las variantes posibles. Es como si la naturaleza se hubiera asegurado de que seguiría sorprendiéndose a sí misma, y creo que es precisamente esa imprevisibilidad lo que establece el límite entre la vida y la muerte.

5

UNA HISTORIA POLICIACA

Una banda de maleantes se dedica a desvalijar domicilios de Londres y Nueva York. Aunque los ladrones no pueden haberse puesto de acuerdo, actúan de forma perfectamente coordinada.

El detective Glock investiga si actúan siguiendo un mismo plan secreto, pero no encuentra ningún indicio. Su conclusión es que todos los lugares del mundo, en realidad, son uno solo.

Naturalmente que estábamos todos allí —dijo el viejo Qfwfq—, ¿y dónde íbamos a estar, si no? Que pudiese haber espacio nadie lo sabía todavía. Y el tiempo, ídem: ¿qué quieren que hiciéramos con el tiempo, allí apretados como sardinas?

Italo Calvino, *Las Cosmicómicas*

Puedo afirmar con toda seguridad que nadie comprende la mecánica cuántica.

Richard Feynman

Glock ya había sospechado que todos los lugares del mundo en realidad eran sólo uno. Lo comprobó una noche de noviembre en que la niebla en Londres era tan densa que apenas se distinguían las fachadas del otro lado de la calle. En días como ése, Glock evitaba salir de casa. Después de tomar el té por la mañana, se puso a trabajar en el manuscrito o, como solía decir en tono despectivo, en «su condena». Al cabo de poco rato, Glock estaba tan absorto que apenas se movía; ni siquiera levantaba la mirada, y sólo se separaba del escritorio obligado por la sed o el hambre. Nunca revelaba en qué estaba trabajando. Cuando alguien se lo preguntaba, se limitaba a responder que su obra trataba sobre un mundo en el que vivíamos sin darnos cuenta, más allá del espacio y del tiempo, donde entre «aquí» y «allá» no había ninguna diferencia. Pero también decía que era demasiado pronto para revelar el trasfondo de sus reflexiones. Glock llevaba años trabajando en el manuscrito, y no parecía preocupado por el hecho de no tener fecha de publicación prevista. Tanto sus honorarios como su reputación como detective de delitos económicos le permitían aceptar sólo los trabajos más lucrativos e interesantes. El resto del tiempo lo dedicaba a sus estudios de filosofía de la física.

El atardecer sorprendió a Glock cuando los coches ya circulaban con los faros encendidos. Acababa de levantarse para servirse un whisky cuando sonó el timbre. Abrió la puerta y apareció una mujer esbelta, de unos treinta y cinco años, envuelta en un abrigo de cachemira beige. Llevaba colgado del hombro un bolso caro, de piel marrón, doblado como una figura de origami japonés. Miraba a su alrededor como si sus ojos buscaran algo a lo que aferrarse.

—¿Alice Aspect? —preguntó Glock—. La estaba esperando. Por favor, entre. Soy John Glock.

—Muchas gracias por recibirme tan pronto. Me temo que es usted el único que puede ayudarme.

Aspect hablaba deprisa y con un ligero acento francés, casi imperceptible. Era evidente que llevaba mucho tiempo viviendo en Londres.

Glock la guio hasta su estudio sin mediar palabra. La habitación era austera, pero estaba decorada con algunos muebles antiguos procedentes de China, muy bien escogidos. Sobre una mesa de comedor de madera de raíz oscura, había apilados un montón de libros y de artículos de periódico. Glock le ofreció una silla a su invitada.

—¿Qué puedo hacer por usted?

—Anteayer detuvieron a mi marido, Bob, y ahora lo tienen encerrado en prisión preventiva. Por supuesto, lo primero que hice fue contratar a un abogado, pero me dijo que ya puedo dar el caso por perdido. Que como mínimo le esperan cinco años de cárcel, en el mejor de los casos.

—¿De qué se lo acusa?

—De hurto a gran escala y participación en organización criminal. No sé si está usted al corriente, pero mi marido es socio de una de las casas de subastas más importantes del mundo, Aspect and Consorts. Tienen sucursales en Nueva York, París, Ginebra y Viena, pero la central está aquí, en Londres. Al parecer, hace años que en nuestras sedes de Londres y Nueva York se han estado subastando alfombras y joyas robadas.

—Incluso si su marido hubiera estado al corriente, como máximo se lo podría acusar de encubrimiento.

—No sabía nada, le doy mi palabra. Pero lo más sorprendente es cómo se produjeron los robos. Todas las joyas y las alfombras que los agentes confiscaron en nuestra filial de Nueva York fueron sustraídas en el SoHo de Manhattan. Y el botín que mi marido subastaba aquí, en Londres, sin saber que eran mercancías robadas, procedía también del Soho, aunque en este caso se trataba del Soho londinense. Esa coincidencia llevó a Scotland Yard y al Departamento de Policía de Nueva York a contrastar datos. Entonces detectaron una coincidencia todavía mayor: cada noche que tenía lugar un robo aquí, también robaban allí. Y, encima, los bienes coincidían. Cuando en el SoHo de Nueva York desaparecían unas joyas, alguien del Soho londinense denunciaba que le habían robado las alhajas. Sin embargo, cuando lo que robaban los ladrones allí eran alfombras, también afanaban alfombras aquí. Era como si el Soho de Londres fuera el reflejo del SoHo de Nueva York. O al revés.

—O como si los ladrones se hubieran puesto de acuerdo.

—Exacto. Pero Scotland Yard ha descartado por completo esa posibilidad. Aunque no quieren contarle el motivo a nuestro abogado. Scotland Yard cree que alguien debió de planificar y coordinar los robos con mucha antelación, y que ese alguien es mi marido —dijo con un tono que a Glock le pareció de súplica.

—Realmente se trata de un caso asombroso —respondió él—. Estaremos en contacto.

A la mañana siguiente, Glock se abrió paso entre los velos de niebla que cubrían Victoria Street hasta llegar al prisma metálico de color rojo con la inscripción «New Scotland Yard». Ante el mostrador de recepción, preguntó por el inspector Stone. Bert Stone estaba sentado en un despacho minúsculo del piso dieciocho, donde Glock había pasado varios años de su vida. El escritorio, arrimado a un lado, dejaba el espacio justo para una silla destinada a las visitas. En la pared que quedaba detrás de Stone, había colgados un plano de la City de Londres y uno de Manhattan.

—¿Sabes por qué he venido?

—Me lo imagino —dijo Stone—. Llevamos años detrás de esos robos. Este asunto me está volviendo loco. Varias veces por semana, una comisaría del Soho nos notifica que en alguna parte han desaparecido joyas o alfombras. Pero en todos los casos se trata de una cosa o la otra. Aparte de eso, no tenemos ni una prueba, ni un indicio, nada. Lo único que sabemos es que los robos de joyas y alfombras tienen lugar siempre con la misma frecuencia.

—Como si los ladrones decidieran el botín lanzando una moneda al aire. Si sale cara, alfombras. Si sale cruz, joyas.

—Algo así. Hemos examinado a fondo los delitos cometidos en el Soho. Nuestra base de datos especifica, por ejemplo, si los delincuentes entraron por la puerta o por la ventana. O si se cometieron en una planta baja o en uno de los pisos superiores. Y, claro está, también si se llevaron alfombras o joyas. Gracias a eso nos dimos cuenta de que los malhechores accedían a los edificios por la puerta y por la ventana con la misma frecuencia, y también que elegían plantas bajas y plantas superiores por igual, sin demostrar preferencias.

—¿No habéis detectado alguna condición que los lleve a elegir una cosa sobre la otra?

—De eso se trata. Creíamos que, por ejemplo, en determinadas calles preferirían actuar en las plantas bajas y en otras, en las superiores. O que entre semana preferirían una cosa, y los fines de semana, la otra. Pero no hemos encontrado nada de nada. Hemos buscado todos los patrones concebibles en la base de datos y no hemos hallado ninguna pauta, ningún sistema, nada que pueda explicar los robos.

—Os enfrentáis a una banda muy inteligente. Lanzan una moneda al aire y si sale cara, alfombras; si sale cruz, joyas. Y luego se juegan a los dados si entrarán por la puerta o por la ventana, y en qué planta robarán. Siempre toman esas decisiones al azar justo antes de actuar, para que la policía no pueda pronosticar jamás el siguiente golpe. Han dado con la estrategia perfecta para que os desesperéis.

—No lo dirás en serio —replicó Stone con impaciencia—. Esa gente son profesionales. No dejan nada al azar.

—Lo digo muy en serio —respondió Glock con calma—. Esos bandidos del Soho simplemente se niegan a entrar en tu lógica para ejecutar sus robos. Si no has podido dar con ellos es precisamente porque actúan al azar. Si no lo he entendido mal, lleváis años intentando cazarlos, ¿no es así? Y todavía no habéis atrapado ni a uno solo.

—Genial. O sea que, según tú, si no conseguimos atrapar a los ladrones es porque ellos juegan a los dados y yo estoy buscando motivos de peso en los robos —dijo Stone—. Pero dime, ¿a qué debo agradecer el honor de tu visita después de que hayas pasado tanto tiempo sin dar señales de vida? —Hizo una pausa—. Apuesto a que tiene algo que ver con la detención de Aspect. Seguramente ya habrás oído hablar de lo que está sucediendo en Nueva York. Sin duda, el dueño de esa casa de subastas tiene que estar implicado. Lo que sabemos al respecto demuestra lo mucho que te equivocas con esa teoría tuya de que eligen los golpes al azar.

—¿Qué sabéis?

—Hace unos meses, un colega se enteró por casualidad de que un misterio lleva de cabeza a la policía de Nueva York desde hace años. Como puedes imaginar, se quedó petrificado al enterarse de que el problema que tenían en Nueva York sólo se diferenciaba del nuestro en una cosa: que el barrio allí se escribe «SoHo». Los mismos robos, también sin ninguna pauta reconocible. Alfombras o joyas, por la puerta o por la ventana, arriba o abajo, y todo con la misma frecuencia. No nos lo podíamos creer. Pedimos a nuestros colegas de Manhattan que nos mandaran los datos que habían recopilado para poder compararlos con los nuestros.

—¿Y habéis detectado algo?

—Sí, que los detalles que nos han enviado coinciden con los nuestros. Cada vez que en el Soho de Londres desaparecía una alfombra, en el SoHo de Nueva York desaparecía otra. No nos consta ni una sola noche en la que los ladrones hubieran elegido botines distintos. ¡Ni una! Y lo mismo sucede con las plantas en las que entraron a robar, y con el medio para acceder a los inmuebles. Si aquí habían robado en una planta baja, allí también. Si aquí habían forzado la puerta, allí también. ¡Es como si los dos robos hubieran sucedido en el mismo lugar! ¿Todavía crees que se trata de robos cometidos al azar?

—No lo sé —respondió Glock, titubeante—.

94

¿Por qué estáis tan seguros de que las dos bandas no se ponen de acuerdo?

—Eso lo excluyo por completo. Ya sabes que controlamos todas las comunicaciones transatlánticas. Podemos saber cada una de las palabras que cualquier persona, desde cualquier lugar y en cualquier momento, diga por teléfono. Y lo mismo con todos y cada uno de los bits enviados por todos los ordenadores del mundo. Además, los americanos también vigilan, y no es que sean precisamente mancos. Si dos bandas, que encima operan desde hace años, se pusieran de acuerdo para ejecutar los mismos golpes al mismo tiempo, algún rastro habrían dejado en nuestros servidores. Y el caso es que no hemos encontrado nada de nada.

—¿Cómo te explicas que pueda suceder exactamente lo mismo y al mismo tiempo en dos puntos que se encuentran a más de seis mil kilómetros de distancia?

—Muy fácil. Los ladrones siguen un plan que alguien ha trazado previamente para ellos.

—Aspect.

—Por supuesto. Tiene casas de subastas en los dos Sohos. Y en las dos filiales se han subastado alfombras y joyas robadas.

Durante unos minutos reinó el silencio. Para evitar la mirada de Stone, Glock estaba vuelto hacia la ventana, contemplando la niebla. De repente se puso de pie, dio unos pasos por la habitación y se sentó de nuevo antes de romper el silencio.

—¿Puedo echar un vistazo a esos datos?

—Pero que no salga de aquí que los has visto.

Stone abrió su portátil, inició un programa y le pasó el ordenador a Glock. Éste tecleó unos cuantos comandos.

—Veo que sólo habéis registrado una característica para cada robo. Sabéis si desapareció una alfombra, o si entraron por la puerta, o si el botín desapareció de una planta baja. Pero en ningún caso tenéis todos los detalles juntos.

—Sí, es cosa de la nueva base de datos. Dales las gracias a los psicólogos forenses: han descubierto que, cuanto más tiempo dejan hablar a los testigos, más contradictorios son los atestados. La calidad mejora mucho si sólo se les pregunta un único dato. A los testigos únicamente se les permite responder con un sí o un no a una pregunta que el ordenador selecciona previamente de forma aleatoria. O sea, que les hacen preguntas del tipo «¿Han robado joyas?». Y, para que ningún agente tenga la tentación de preguntar más cosas, han concebido todos los formularios y las bases de datos de manera que sólo se pueda introducir el dato requerido en cada caso.

—Sí, ya había oído hablar de ese método.

—Es mejor tener pocos datos que detalles erróneos. *Criminalística de Heisenberg*, lo llaman; por el jefe de nuestro departamento de criminología. Los fiscales y los jueces están encantados desde que se ha implementado. ¡De repente, todo les cuadra con lo que dice Scotland Yard!

—Pero eso implica trabajar con mucha menos información que antes.

—Ahora, para probar la culpabilidad de los delincuentes es necesario comparar los datos del mayor número de casos posible entre los almacenados en el archivo. No me preguntes cómo lo consigo. En cualquier caso, ofrecemos una imagen inmaculada ante los medios de comunicación y eso tiene encantados a los jefes superiores de policía. En Estados Unidos ahora también utilizan el principio de Heisenberg: siempre un solo dato por caso. Y tenemos que arreglárnoslas con eso. Algunas noches da la casualidad de que los datos que conseguimos en Londres y en Nueva York también coinciden.

—Así pues, habéis comprobado que la coincidencia es perfecta.

—Exacto. Cuando aquí han entrado por la ventana, allí también. Cuando aquí entran en una planta baja, en la misma noche, allí entran también en una planta baja. Sin embargo, hay noches en las que los datos recopilados son distintos. Por ejemplo, de aquí sabemos lo que se han llevado, y de allí, cómo han accedido a la vivienda.

—Vamos a olvidarnos de Nueva York por unos momentos y centrémonos en Londres. ¿De verdad no habéis detectado ningún patrón que pueda explicar los robos?

—Por desgracia, no. Ya te lo he dicho —respondió Stone con impaciencia—. Y ya lo sabes: no es culpa nuestra. Nuestros colegas de Nueva York están igual de desorientados sobre lo que está ocurriendo en Manhattan.

—Ya lo sé, ya lo sé —dijo Glock—. ¿No te parece raro? Sabéis hasta qué punto están conectados los casos de Londres y los de Nueva York, pero cuando os fijáis en una sola de las dos series de robos, os sentís absolutamente perdidos. Es como los mecánicos que dicen saberlo todo sobre tu coche y, cuando les preguntas por las piezas que lo componen, se encogen de hombros.

—Me temo que ésa es la situación en la que nos encontramos, sí.

—Entonces tenemos que arreglárnoslas con la información que tenemos. Conocéis solamente un dato acerca de cada robo. O bien sabéis si entró o no por la puerta, o si fue o no en una planta baja, o si se llevaron o no una alfombra. Eso son tres preguntas que pueden responderse con sí o no. Sin embargo, para cada robo solamente sabéis la respuesta a una sola de esas tres preguntas.

—Así es.

—Bien. Será mejor que lo anotemos todo.

Glock cogió un lápiz y le dibujó este esquema a Stone:

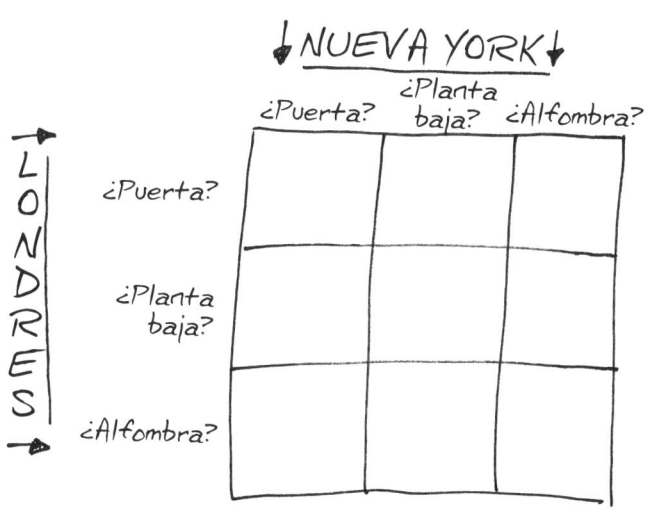

—Parece el juego de los cuadritos —dijo Stone.

—Funciona más o menos igual. Ahora elijo una pregunta para Londres que se refiera a la misma noche en Nueva York. Por ejemplo: «¿Han forzado una puerta?» y «¿Desapareció una alfombra esa misma noche?». Para cada pareja posible de preguntas tenemos un cuadrito. ¿De acuerdo?

—Claro. Pero ¿adónde quieres llegar con eso?

—De esta manera podremos ver cuánta información se esconde en vuestra base de datos. Vamos allá. Busquemos todas las noches en las que nuestros agentes hayan mencionado que entraron forzando una puerta, y nuestros colegas americanos, que desapareció una alfombra. Luego haremos lo mismo con todas las parejas de preguntas. Como ves, hay nueve combinaciones posibles.

—Cierto. No es necesario hacer más preguntas. Porque si la respuesta a la pregunta de la puerta es «no», ya sabremos que entraron por la ventana.

—¿Para cuántas noches crees que encontraremos la misma respuesta en las dos bases de datos?

—¿Quieres decir «sí» y «sí», o «no» y «no»? ¿Si repasamos las nueve combinaciones de preguntas?

—Sí, eso quiero decir —dijo Glock.

—Es evidente —respondió Stone enseguida—. La mitad de las noches. Sabemos que los ladrones entran con la misma frecuencia por la puerta que por la ventana, y lo mismo para la planta baja o una planta superior, o si se llevan alfombras o joyas. La probabilidad de cada uno de esos resultados es del cincuenta por ciento. Por consiguiente, cuando se plantea una pregunta cualquiera, siempre será esa probabilidad. Pásame el portátil.

Stone introdujo un par de comandos. Al cabo de medio minuto, en su rostro apareció una sonrisa triunfal.

—Mira —dijo—. Ya lo tenemos. He hecho que la base de datos analizara todas las parejas de preguntas posibles. En la mitad de los casos obtuvimos la misma respuesta para Londres y para Nueva York.

—Sí, me lo imaginaba —dijo Glock. Reflexionó un momento y luego, en voz baja pero con determinación, añadió—: Tenéis que soltar a Aspect.

—¿Cómo dices?

—Quiero decir que no hay ningún plan.

Stone se quedó sin habla.

—¿Cómo has llegado a esa conclusión?

—Elemental, mi querido Stone. Sólo hay que saber contar. Supongamos que tienes razón y que los ladrones seguían un plan preestablecido. Que el primero de abril entraron en las dos ciudades por la puerta, en una planta baja, y se llevaron una alfombra, por ejemplo. Ahora, para el primero de abril, puedo elegir entre las tres preguntas siguientes: ¿Entraron por la puerta? ¿Entraron en una planta baja? ¿Se llevaron una alfombra?

—Por supuesto —dijo Stone—. Pero no veo adónde quieres llegar.

—Quiero mostrarte que tus sospechas acerca de un plan entran en contradicción. Porque da igual cuál de las tres preguntas elija para Londres y cuál elija para Nueva York; de todos modos, la respuesta tendrá que ser siempre «sí». Tanto aquí como allí entraron por la puerta de una planta baja y se llevaron una alfombra. De haber sido planeado, la probabilidad de recibir dos respuestas iguales sería del cien por cien. En los cuadritos lo verás muy claro:

»En la parte izquierda de cada cuadro he anotado la respuesta que corresponde a Londres, y en la derecha, la de Nueva York. Como es natural, las dos coinciden en todos los casos. Da igual la pregunta que busque, el porcentaje de acierto será siempre del cien por cien. Sin embargo, acabas de decirme que, según nuestros datos, esa probabilidad es sólo del cincuenta por ciento. ¿Lo ves? Ya lo tenemos. Tu suposición era incorrecta. No puede haber ningún plan.

—Lo que defiendes sólo coincide en este caso especial. Lo que ocurre es que el plan que han seguido siempre genera respuestas afirmativas. Por eso es natural que coincidan. ¿Qué habría pasado si hubieran seguido otro plan? Que podrían haber entrado en las dos ciudades por la puerta de una planta baja para llevarse joyas. Si luego me haces la pregunta sobre la puerta y sobre la alfombra, una vez responderé «sí» y la otra, «no». O sea, que la respuesta que te daré no será siempre la misma.

—Cierto. Pero da igual cuál sea el plan: la probabilidad de que respondas «sí, sí» o «no, no» siempre es superior al cincuenta por ciento, porque ¿qué probabilidades tengo de preguntar algo que obtenga respuestas distintas? Echémosle un vistazo a esto:

↓ NUEVA YORK ↓

LONDRES	¿Puerta?	¿Planta baja?	¿Alfombra?
¿Puerta?	Sí / Sí	Sí / Sí	No / Sí
¿Planta baja?	Sí / Sí	Sí / Sí	No / Sí
¿Alfombra?	No / Sí	No / Sí	No / No

»¿Lo ves? En cuatro de nueve combinaciones de preguntas posibles, las respuestas serán distintas, mientras que en cinco parejas las respuestas serán iguales.

»Las probabilidades de obtener dos respuestas iguales es, por consiguiente, cinco de cada nueve, aproximadamente el cincuenta y cinco por ciento, si los ladrones hubieran seguido un plan. El resultado que obtienes a partir de vuestros datos vuelve a ser superior al cincuenta por ciento. Por tanto, tu sospecha no puede ser cierta. Y en todos los otros casos posibles siempre acabas llegando a esa proporción de cinco de cada nueve. Lo mires como lo mires, tus suposiciones son erróneas. No puede haber ningún plan.

Stone se quedó callado y Glock mandó un SMS a Alice Aspect. A continuación, intentó mirar por la ventana, pero la niebla era tan densa que el cristal parecía una lámina de color gris.

—No puedo contradecirte —admitió Stone tras una larga pausa—. Pero no lo entiendo. Si realmente no siguen ningún plan, y si los ladrones no se ponen de acuerdo, ¿cómo es posible que suceda exactamente lo mismo en Londres y en Nueva York?

—Eso no lo comprende nadie —respondió Glock—. En mi opinión, la única explicación posible es que las dos bandas estén vinculadas de algún modo. Si en un sitio hacen una cosa, al otro lado del Atlántico sucede exactamente lo mismo y en el mismo momento.

—¿A mí me lo cuentas? ¿John Glock, el único físico que Scotland Yard ha contratado nada más salir de la universidad? Siempre te pasabas media noche dándome lecciones sobre Einstein: las causas que desencadenan un efecto en lugares distintos y al mismo tiempo; que incluso la luz, siendo la señal más rápida que existe, necesita tiempo para recorrer una distancia. ¿Te has olvidado de todo eso?

—Debe de haber algún motivo para que los robos se repitan de ese modo. ¿O crees que los delitos sólo existen como entradas de vuestra base de datos?

—Tonterías —replicó Stone—. Las joyas y las alfombras han desaparecido.

—Claro. Por consiguiente, los robos están tan relacionados entre sí que los ladrones deben de intercambiar señales o compartir algún plan que les permita coordinar los golpes.

—¿Telepatía? John, ¡eso es ridículo!

—Yo no he hablado de telepatía —dijo Glock, cruzando los brazos—. Pero tampoco de una infracción de la teoría de la relatividad. No tenemos ni el más mínimo indicio de que los ladrones se manden mensajes. Se limitan a hacer lo mismo en dos sitios distintos. ¿Cuál sería la manera más sencilla de explicarlo? Que los ladrones consideren que el Soho y el SoHo son el mismo lugar. Que el océano que los separa no tenga importancia para ellos. Como es natural, nos cuesta imaginar relaciones semejantes. Pero ¿significa eso que no existe ningún mundo más allá del espacio y el tiempo? Ya sabes que hace mucho que estoy convencido de que todos los lugares del mundo son, en realidad, uno solo. ¡Y ahora tenemos un indicio al respecto! En cualquier caso, tendréis que soltar a Aspect.

Los acontecimientos que Glock y Stone intentan aclarar parecen fantasiosos, pero lo cierto es que corresponden a la realidad física. Esta visión se la debemos al físico francés Alain Aspect, que en 1982 y mediante un célebre experimento demostró que entre acontecimientos distintos puede existir una conexión interna que no responde ni a un acuerdo previo ni al intercambio de señales. Dado que estos eventos tienen lugar de forma aleatoria, debe excluirse la posibilidad de que exista un plan oculto o una transmisión secreta de información. Y, no obstante, sucede exactamente lo mismo y al mismo tiempo en lugares que pueden estar tan alejados entre sí como Londres y Nueva York. Por eso el experimento de Aspect básicamente pone en duda nuestra concepción del espacio y el tiempo.

El experimento supone uno de los ejemplos más espectaculares que demuestran que la realidad contradice la lógica habitual. Lo que sucede está regido por las leyes de la mecánica cuántica, que determinan el comportamiento fundamental de la energía y la materia. En su experimento, Aspect estudió parejas de fotones, la partícula elemental de la luz. Construyó una disposición tan ingeniosa que habría permitido que los ladrones de diferentes ciudades hicieran exactamente lo mismo al mismo tiempo sin necesidad de ponerse de acuerdo ni de intercambiar señales. La información sobre qué debe ejecutarse está codificada en los fotones.

Los fotones forman una pareja, una especie de agrupación con un destino compartido, cuando se lanzan al mismo tiempo desde el mismo átomo. Eso puede efectuarse sin problemas. Los dos fotones se alejan entre sí, aunque permanecen conectados de un modo absolutamente misterioso. En la construcción original de Aspect recorrían una distancia de seis metros, pero en experimentos posteriores, un fotón llegó a viajar desde Tenerife hasta Las Palmas de Gran Canaria, a casi ciento cincuenta kilómetros de distancia. Actualmente, investigadores austriacos y chinos están llevando a cabo experimentos para mandar, desde un satélite, un fotón a Viena y su emparejado a China.

Cuando los fotones llegan a su destino, se comprueba su estado. Por supuesto, las partículas elementales y sus propiedades no pueden observarse ni fotografiarse; en eso también se parecen a los astutos ladrones. Igual que el método de investigación de Stone, las reglas de la mecánica cuántica sólo permiten realizar preguntas que puedan responderse con un sí o un no. Eso resulta decisivo. La naturaleza no conoce las transiciones paulatinas ni los tonos intermedios. Sólo experimentamos algo parecido si nos fijamos con mucha atención: como una imagen reticulada en blanco y negro, que a cierta distancia parece tener matices grisáceos, aunque en realidad sólo consta de puntos blancos y negros. Del mismo modo, a nivel de átomos y partículas elementales sólo existen el sí y el no, el blanco o el negro. La naturaleza es digital.

Por tanto, la mecánica cuántica trata de la información que la naturaleza proporciona a un observador. Se puede preguntar si en el momento de la medición el fotón ya ha llegado a un determinado punto: ¿sí o no? Otra buena pregunta sería si la partícula se desplaza hacia delante con un determinado impulso. En su experimento, Aspect preguntó por la orientación interna de los fotones, el espín. El espín es una especie de sentido de giro interno de las partículas elementales, un eje. Se puede analizar, por ejemplo, si el espín apunta hacia arriba.

Eso es lo que hizo Aspect: lanzar pares de fotones y preguntar si el espín apuntaba hacia arriba. Eso le permitió constatar dos cosas: primero, que las respuestas llegaban de forma aleatoria, puesto que obtuvo el mismo número de respuestas afirmativas que negativas, aunque la sucesión no presentaba ningún tipo de patrón. Era como si los fotones tomaran la decisión lanzando una moneda al aire. En segundo lugar, las respuestas coincidían en los dos fotones que formaban cada pareja. Si se determinaba la respuesta para uno de los fotones, ya se conocía la respuesta para el segundo.

Una de las bandas de ladrones que actuaban en las dos ciudades podía utilizar esta información como base para tomar decisiones. Por ejemplo, si el resultado de la medición en un lugar era «sí», los delincuentes decidían robar joyas. La medición en la otra ciudad obtenía el mismo resultado, de manera que esos ladrones sabían lo que sus colegas habían robado, podían tomar la misma decisión y en las dos ciudades desaparecían joyas. Los ladrones no tenían que especificar sus acciones por adelantado en un calendario ni mandarse mensajes en el momento de actuar. De este modo, los robos quedaban perfectamente coordinados y eran absolutamente imprevisibles.

Como tantos otros grandes descubrimientos en el campo de la física que tuvieron lugar durante el siglo pasado, éste también se lo debemos a Albert Einstein. Fue él quien descubrió que puede haber dependencias entre acontecimientos sin que exista ningún intercambio de señales. Sin embargo, lo descubrió sin querer, precisamente cuando procuraba demostrar que eso era posible.

Intentando refutar la mecánica cuántica, allanó el camino a esta teoría que reconocía la luz como una corriente de fotones. Con la ayuda de la mecánica cuántica, se pudo comprender por primera vez lo que se cuece a nivel más microscópico. Junto a la teoría de la relatividad, ésa fue la aportación más importante de Einstein a la ciencia, y aun así vivió enfrentado a ese legado intelectual: «Una voz interior me dice que todavía no es el verdadero Jacob», escribió en una ocasión. Para demostrar que la mecánica cuántica era insuficiente, en el año 1935 ideó un experimento que acabó llevando a cabo Alain Aspect casi medio siglo después.

A Einstein no le gustaba la idea que defiende la mecánica cuántica: que se producen casualidades o, dicho de otro modo, acontecimientos *a priori* impredecibles. Y es que la mecánica cuántica sólo puede predecir probabilidades en casos como éste, por ejemplo: si se plantea un experimento de manera que el resultado sean respuestas a una pregunta de sí o no, en el 60 % de los casos se obtendrá un «sí» y en el 40 % restante la respuesta será «no».

La naturaleza, por tanto, estará jugando a la ruleta, algo que Einstein no estaba dispuesto a aceptar. Estaba convencido de que el mundo en principio era comprensible y previsible. «Crees en un Dios que juega a los dados, y yo en que todo sigue un orden», le espetó en una ocasión a su colega y amigo Max Born.

A muchos físicos de la primera mitad del siglo pasado los dejó profundamente consternados el hecho de que la naturaleza sea incierta. Sin embargo, Einstein fue el único capaz de identificar una consecuencia de la mecánica cuántica que todavía resulta más sorprendente: según la teoría, dos partículas que hayan interactuado en algún momento permanecerán siempre vinculadas entre sí, y es que la información acerca del pasado común no se pierde. En el experimento de Aspect, los fotones emparejados están enlazados debido a su origen común. No obstante, la vinculación puede consistir en que las dos partículas se hayan influido mutuamente en una etapa posterior, porque en algún momento haya actuado una fuerza entre ellas.

A ese tipo de vinculación se la llama *entrelazamiento*. Su esencia radica en el hecho de que no se destruya la información sobre la historia de las partículas. Por tanto, esa información no se pierde ni siquiera cuando las dos partículas siguen caminos distintos.

Aquí es donde se aplica la reflexión de Einstein. Si se mide el estado de un fotón en Londres, el resultado que se obtiene es aleatorio. Pero un fotón entrelazado que se encuentre en Nueva York, en el mismo instante, debe proporcionar el resultado opuesto; al fin y al cabo, las dos partículas están conectadas de un modo indisoluble. Eso es justo lo que Aspect consiguió corroborar con su experimento, y también lo que a Einstein le pareció tan contradictorio. Porque si el resultado obtenido en Londres era aleatorio, ¿cómo era posible que la partícula de Nueva York se enterara tan rápidamente de lo que el azar había determinado al otro lado del Atlántico y que ofreciera el mismo resultado? A Einstein le parecía imposible que pudiera ocurrir algo semejante. Según la teoría de la relatividad, las señales se propagan como máximo a la velocidad de la luz, por lo que era necesario un cierto tiempo para llegar de un lugar a otro. El efecto del entrelazamiento, no obstante, es inmediato: la mecánica cuántica exige lo que Einstein denominó a modo de burla *una espeluznante acción a distancia*. Así pues, si la mecánica cuántica no puede determinarlo, esas presuntas casualidades no podrían considerarse aleatorias. Detrás de ese extraño fenómeno debía de haber algún tipo de plan oculto. Einstein se dio cuenta de que la naturaleza contradecía nuestra lógica, aunque se resistió a aceptarlo.

¿Cómo se descubre un plan oculto? ¿Cómo se averigua si realmente hay uno? Durante años pareció imposible responder a esas preguntas. Sin embargo, en 1964, al físico de partículas irlandés John Bell se le ocurrió algo que podía encajar en la concepción de Einstein: un plan oculto dejaría rastro. Y para descubrir ese rastro sólo era necesario calcularlo. Si realmente existiera un plan como el descrito, sin duda modificaría las frecuencias con las que sucedían determinados eventos comunes. La mecánica cuántica suele implicar unas matemáticas muy complicadas. Sin embargo, John Bell utilizó cálculos de nivel de primaria para descubrir ese inquietante núcleo de la mecánica cuántica.

Este principio es el que aprovecha John Glock en el relato policiaco, en el que tiene en cuenta las frecuencias, es decir, la asiduidad con la que puede recibir la misma respuesta a preguntas de sí o no tras los robos que han sucedido en lugares diferentes. Así es como calcula, ante el asombro de Stone, que esas combinaciones tendrían lugar un poco más a menudo si los hechos hubieran sido acordados con anterioridad que si respondieran a una coincidencia emparejada.

En el experimento original, el físico Alain Aspect preguntó el sentido de giro del espín de sus fotones. Se fijó en la frecuencia con la que coincidían los resultados de la medición en los dos fotones emparejados al formular preguntas diferentes, exprimiendo al máximo los instrumentos de medición del espín. A continuación contó con qué frecuencia coincidían los datos. A partir del resultado, pudo llegar a la conclusión de que no actuaban siguiendo un plan oculto. De haber sido así, los porcentajes de acierto habrían sido distintos.

Y, puesto que experimentos posteriores disiparon las últimas dudas, se ha comprobado que no puede haber ningún plan oculto que determine el destino de cada partícula. En realidad son coincidencias que actúan en lugares alejados. Einstein no tenía razón.

Los experimentos con partículas entrelazadas se conocieron también como *teletransportación*, el enigmático sistema de transporte de la nave *Enterprise*, utilizado por el capitán Kirk y su tripulación para desplazarse al instante a planetas lejanos. Hoy en día, los fotones entrelazados pueden lanzarse a cientos de kilómetros, que pronto serán miles. Entretanto, esas conexiones se utilizan para transmitir mensajes a prueba de escucha.

Desde hace tiempo ya no son sólo partículas elementales lo que se puede teletransportar. Unos físicos de Oxford incluso consiguieron entrelazar dos diamantes del tamaño aproximado de una uña. Cuando se consultaba el estado de una de las piedras, como si fueran bolas de cristal mágicas, los dos diamantes devolvían al instante la misma respuesta impredecible.

La dificultad de esos experimentos no reside tanto en formar el entrelazamiento como en evitarlo. El truco consiste en aislar al máximo de su entorno los objetos entrelazados, de manera que no puedan transferir información a otros objetos. De lo contrario, el entrelazamiento perdería fuerza y no se podría detectar, como pasaría con un aroma esparcido por el viento. Por ese motivo no percibimos el entrelazamiento en la vida diaria, porque es omnipresente.

Sin embargo, las objeciones de Einstein todavía no han recibido réplica: a pesar de encontrarse en lugares diferentes, los objetos entrelazados se comportan como si no hubiera espacio entre ellos. Cuando uno de los miembros del emparejamiento proporciona una respuesta aleatoria, el otro ofrecerá la misma respuesta en el mismo momento tanto si la separación es de sólo un milímetro como si es de cien kilómetros. ¿Cómo es posible? ¿Podría haber conexiones internas que no atiendan a la estructura del espacio y el tiempo? ¿Son cerca y lejos meras ayudas para que nos orientemos nosotros, pero irrelevantes en un nivel más profundo de la realidad?

Nos cuesta aceptar que el entrelazamiento sea real, y no «espeluznante» como un fantasma. Al fin y al cabo, podemos imaginar un mundo regido por el azar, pero no un mundo sin espacio. Nuestra experiencia cotidiana nos impele a pensar en el espacio como algo parecido a una caja que contiene todo lo que podemos ver, oír o tocar. Parece como si un mundo sin espacio sólo pudiera ser espiritual, y un mundo así despierta nuestro recelo.

Concebimos el espacio como lo que ancla nuestras vivencias, igual que el tiempo y la conciencia. Por eso nos resistimos a considerarlos inexplicables. Pero el transcurso del tiempo, como veremos en el capítulo 8, es sólo la decadencia de un orden. Todo parece indicar que el conocimiento consiste en la interacción de miles de millones de neuronas. En ese caso, ¿por qué tendría que ser tan fundamental el espacio?

Es posible que lo que percibimos como espacio no sea más que un reflejo aproximado de las relaciones que se establecen entre las cosas. Izquierda y derecha, arriba y abajo, adelante y atrás podrían surgir a partir de la forma en la que los objetos se entrelazan mutuamente; como ocurre también en las relaciones humanas, *cerca* sería sólo otra palabra para referirnos a un vínculo especialmente fuerte. ¿Es posible que el espacio no sea una caja, sino una red tensada por todo lo que nos rodea? En ese caso, Glock tendría razón y todos los lugares del mundo serían, en realidad, uno solo.

Unas semanas más tarde, Glock volvía a estar sentado frente a su escritorio, contemplando a través de la ventana la llovizna que caía sobre Londres. Pensaba en las posibilidades de terminar pronto su manuscrito cuando un hombre vestido con un chaqué oscuro llamó a su puerta. Lo saludó con una leve reverencia y le entregó un sobre de papel japonés sin mediar palabra.

Glock asintió, dejó el sobre a un lado, se puso el abrigo y salió para reunirse con Alice en Central Park al cabo de media hora.

6

¿EL MUNDO ES DE VERDAD?

Un dedo recibe un martillazo. Pero el martillo, como toda la materia, no es más que vacío. ¿Cómo es posible que la nada pueda hacer tanto daño? Y otra cosa: ¿seguro que existe la nada?

Cuando pronuncio la palabra *nada*, creo
algo que no cabe en ninguna no-existencia.*

WISŁAWA SZYMBORSKA

En una de las películas más famosas que se han
rodado jamás, la gente vive inmersa en una ilusión
absoluta. Sus casas se erigen hacia el cielo y las calles están llenas de personas que parecen hombres
y mujeres, que incluso huelen como si lo fueran.
Se cultivan amistades, se producen discusiones
entre colegas y compañeros…, en otras palabras,
viven en un mundo como el nuestro. Sólo unos
cuantos elegidos conocen la verdad: las casas y las
calles sólo son escenarios, y los transeúntes ni siquiera llegan a ser muñecos. Todo, absolutamente

---

* Traducción de Gerardo Beltrán y Abel A. Murcia
(*Poesía no completa*, Wisława Szymborska, FCE, México, 2008). *(N. del t.)*

todo lo que perciben las víctimas existe únicamente en lo que llaman *Matrix*, un programa informático gigantesco que simula una realidad virtual. Las máquinas omnipotentes han esclavizado al *Homo sapiens* anulando su voluntad.

El hecho de que *Matrix* y sus dos secuelas hayan recaudado más de mil millones de dólares en taquilla no se explica sólo por el malestar y la dependencia cada vez mayor de los ordenadores que sufren sus contemporáneos. A mí también me irritaron las películas, y es que no creo en absoluto en la posibilidad de que se produzca una conspiración de los ordenadores contra la humanidad. Aunque los filósofos contemporáneos sostengan que es muy probable que, sin saberlo, vivamos inmersos en una simulación utilizada por una «civilización posthumana» para engañarnos, a mí no conseguirán convencerme.

Aun así, tampoco puedo creer que la realidad sea tal como la percibimos. Por supuesto, no soy el primer escéptico en ese sentido. La idea de que el mundo podría no ser más que una ilusión es ancestral. Ya aparece en las primeras escrituras de la filosofía india, que se remontan casi tres mil años atrás.

Lo que Hollywood denominó *Matrix*, en los Vedas del hinduismo aparece bajo el nombre de *maya*: una ilusión difícil de comprender que oculta una realidad muy distinta o incluso inexistente. Más adelante, los budistas afirmaron que lo único verdaderamente real era el vacío. Que las cosas y los cuerpos que nos rodean no tienen sustancia, y la importancia que les damos está sólo dentro de nuestras mentes. Que toda percepción no pasa de ser un sueño del que la mayoría de las personas no consiguen despertar jamás. Los pensadores de la Grecia antigua se expresaron de un modo parecido. Filósofos orientales y occidentales coincidieron en señalar la liberación de esa ilusión como el objetivo máximo de la vida humana.

Esas dudas tan fundamentales acerca de la realidad tampoco nos quitan el sueño. Simplemente nos aferramos a lo que está a nuestro alcance, a la materia que forma todo cuanto nos rodea. Incluso si dudáramos de que el mundo sea realmente como lo percibimos, nuestro raciocinio no conseguiría resistirse a lo que perciben nuestros sentidos. Vemos, sentimos e incluso olemos que existe un mundo exterior. Así pues, la vivencia no tarda en superar al escepticismo. «¿Por qué existe algo y no simplemente nada?», le preguntaron en una ocasión al filósofo neoyorquino Sidney Morgenbesser, quien respondió: «Si no hubiera nada, usted se estaría quejando de todos modos».

Pero las dudas que se calman con la droga de la evidencia continúan actuando en nuestro interior. Cuando una película como *Matrix* las remueve, afloran de nuevo a la superficie. Si vemos el mundo con los ojos del protagonista, Neo, descubrimos con él que todo cuanto experimenta no es más que una ficción hasta que acaba penetrando en el código de Matrix; es normal que nos preguntemos si no podría ocurrirnos algo parecido a nosotros. Tal vez lo que consideramos real no sea más que una ilusión. No tienen por qué ser ordenadores los artífices del engaño. La ilusión podría tener un origen completamente distinto. Recuerdo las escenas de la película porque me hicieron pensar en la física. Para disipar nuestras dudas acerca del mundo, confiamos en la materia: la mesa que tocamos es sólida, robusta; no tenemos ninguna duda de que es real. Pero si examinamos la materia con más detenimiento, parece que se disuelva y pierda todas las propiedades que esperamos encontrar en ella.

Por tanto, ¿la materia también es una ilusión? Pero, en ese caso, ¿quién o qué puede garantizar que el mundo sea algo más que una mera ilusión? Es evidente que vale la pena analizar más a fondo estas preguntas.

La silla sobre la que estoy sentado sostiene mi cuerpo. También noto la presión que ejerce mi mano sobre la mesa. Las cosas tienen unas dimensiones y una masa, son tangibles, ofrecen una resistencia. Al parecer, la materia constituye todo cuanto nos rodea. Incluso el aire debe apartarse cuando me muevo y ocupo su lugar. Y quien alguna vez se haya golpeado un dedo y haya visto cómo se le amorata la uña difícilmente creerá que el martillo sólo existe en su imaginación.

El martillo es materia. Es macizo. Como todo lo que nos rodea en la Tierra, está formado por átomos, y la realidad de los átomos es indudable. Desde hace unos años, incluso podemos verlos: el microscopio de efecto túnel nos los muestra como formas nebulosas. En los cristales de hielo del martillo los átomos están alineados como soldados.

Pero ¿qué son los átomos? Las nubes de verdad también están formadas por algo: vapor de agua, gotas de lluvia, hielo. En las nubes de electrones de los átomos, en cambio, prácticamente no hay nada, tan sólo unos cuantos electrones diminutos revoloteando. En el caso del hielo, hay veintiséis. Por lo demás, las nubes atómicas están vacías. Sólo es en el centro donde encontramos el núcleo del átomo, y de todos modos es minúsculo si lo comparamos con la nebulosa que lo envuelve, proporcionalmente inmensa. Si se aumentara el núcleo de un átomo hasta que alcanzara el tamaño de un mosquito, la nebulosa ocuparía tanto como una sala de conciertos, y en un edificio tan grande lo difícil sería no perder de vista al insecto. ¿Qué hay entre el mosquito y los muros de la sala? Dicho de otro modo, ¿qué hay en la nube de electrones? ¿Qué hay, pues, dentro del martillo? Un espacio vacío. Nada de nada. Si es así, ¿cómo puede doler tanto?

Eso de comparar el átomo con una sala de conciertos vacía fue obra de Ernst Rutherford, la primera persona que descubrió que los objetos, aparentemente tan sólidos, en realidad están vacíos. Un hallazgo que describió como «la experiencia más increíble de mi vida». Rutherford fue uno de los físicos experimentales más prolíficos de todos los tiempos. Nació en 1871, siendo el cuarto de los doce hijos de un hogar campesino que vivía en el extremo sur de Nueva Zelanda. Una vez terminados los estudios, viajó a Inglaterra en barco de vapor para incorporarse a la Universidad de Cambridge, donde empezó a investigar los secretos de la radiactividad. En muy poco tiempo, y mucho antes que sus colegas, identificó las consecuencias de ese fenómeno. Ya en el año 1903 describió las fuerzas que se pueden liberar a partir del núcleo atómico, y afirmó que «quien consiga iniciar una reacción en cadena podría reducir este viejo mundo a cenizas».

El experimento clave lo realizó en 1911 junto a su colega alemán Hans Geiger, que posteriormente inventaría el contador Geiger para medir el índice de radiactividad. Los dos físicos dispararon contra una lámina de oro partículas que posteriormente identificaron como los núcleos atómicos del helio. Casi todas las partículas atravesaron la hoja de oro como si simplemente no existiera. El experimento transcurrió como si Geiger y Rutherford hubieran apuntado hacia el vacío. Solamente uno entre veinte mil proyectiles rebotó, pero lo hizo con una fuerza extraordinaria. A partir de ese resultado más que sorprendente, Rutherford llegó a tres conclusiones: en primer lugar, que el disparo rebotado había impactado contra los núcleos atómicos del oro; en segundo lugar, que en el diminuto núcleo atómico se concentraba prácticamente toda la masa del oro (la nube de electrones que lo recubría, en cambio, aun suponiendo casi todo el volumen, apenas aportaba masa: el mosquito pesaba mil veces más que la sala de conciertos en la que revoloteaba). Finalmente, la tercera conclusión fue que aquella gigantesca envoltura, la nube atómica, no estaba formada por nada, literalmente nada. Por consiguiente, las cosas más cotidianas están tan vacías como el espacio entre las galaxias.

Rutherford al menos siguió creyendo que el núcleo del átomo debía de ser macizo. Si algún disparo había rebotado, pensó, debía de haber sido contra algo sólido. Sin embargo, Rutherford se equivocaba: el núcleo del átomo también estaba vacío. Sus sucesores intelectuales, los físicos de partículas, hoy en día se dedican a bombardear esos núcleos para analizarlos. Los disparos se efectúan en un acelerador de partículas gigantesco para que alcancen la velocidad necesaria. Las instalaciones de la Organización Europea para la Investigación Nuclear, el CERN, ocupan un túnel circular de veintiséis kilómetros de longitud en Ginebra, lo que las convierte en la máquina más grande que la humanidad ha creado jamás. En el CERN trabajan miles de físicos, y yo he tenido la oportunidad de visitar el centro en varias ocasiones; en ninguna construcción, ni siquiera en las pirámides, me había sentido tan diminuto como en aquella caverna excavada en la roca, con detectores de partículas del tamaño de un bloque de viviendas.

Esos enormes detectores demostraron, entre otras cosas, que ese núcleo atómico presuntamente sólido, a su vez, también está compuesto por partículas elementales: los quarks. O sea, que el núcleo del átomo tampoco es una forma sólida, sino más bien una nebulosa por la que rondan los quarks. Y entre esos quarks no hay nada de nada.

Así pues, podemos concluir que la mayor parte del átomo está vacía. Y es que, a pesar de la presencia de los electrones de la corteza y de los quarks del núcleo, lo cierto es que ni unos ni otros ocupan espacio. Las mediciones que llevó a cabo el acelerador no revelaron el más mínimo volumen. Quien tenga dificultades para imaginar algo que no ocupe espacio no podría sentirse más acompañado. Los físicos no paraban de tropezar con paradojas de ese tipo cuando empezaron a investigar los átomos, durante la primera mitad del siglo XX. Las aparentes contradicciones proceden de nuestra tendencia instintiva a aplicar la experiencia cotidiana a una realidad completamente distinta. Por eso, cuando pensamos en partículas elementales nos imaginamos una especie de bolitas, porque intentamos aplicar al átomo algo que conocemos bien por experiencia, que las cosas son sólidas y ocupan un espacio. Nos ocurre como al posadero que pidió forraje para caballos al ver que Bertha Benz aparcaba frente a su establecimiento durante el primer trayecto largo que recorría en el automóvil que había inventado su marido.

Sin embargo, la materia no se ajusta a nuestra manera de percibirla. Sus componentes no tienen contornos definidos. Las partículas elementales no son bolas, sino estados de energía, fogonazos repentinos en el vacío. «Igual que cuando estamos angustiados, asustados o inseguros, y no tiene sentido preguntarse por el volumen de esas sensaciones», escribió el físico inglés James Jeans. Tal vez podríamos imaginar las partículas elementales como puntos dibujados en el espacio con un lápiz increíblemente fino. Los puntos se mueven, vienen y van. Las cosas que percibimos como corpóreas en realidad son sólo un armazón de marcas que bailan en el vacío. Como esos pasatiempos que consisten en unir los puntos numerados para obtener una imagen.

Entre esos vértices móviles hay otras partículas en movimiento. Precisamente eso es lo que permite la unión de los componentes del átomo. El núcleo y los electrones de la cubierta intercambian fotones, las partículas elementales de la luz. Los fotones son pura energía, transmiten la fuerza electromagnética, pero ¿cómo lo hacen? Richard Feynman, que en el primer capítulo ya nos invitaba a reflexionar sobre la belleza de la rosa, dio con una imagen elocuente para ilustrar el intercambio entre las diferentes partículas: si un electrón irradia energía, nace un fotón que recibe la energía que el electrón ha perdido. Puede volar hacia un núcleo atómico y transferirle esa energía. Cuando el núcleo la absorbe, el fotón desaparece. Pero el núcleo del átomo también puede irradiar energía y escupir un fotón que viaje hasta el electrón. Así es como los núcleos atómicos y los electrones permanecen unidos, mediante el intercambio de fotones. Esta imagen puede traducirse a fórmulas que constituyen la materia de trabajo habitual de los físicos. Así pues, del intercambio de fotones surge un orden, algo parecido a lo que se impone en el campo de fútbol en cuanto se pone el balón en juego. Los equipos se organizan para recibir y pasar el balón en las mejores condiciones. Los fotones reaccionan en el átomo de un modo parecido a como lo hace el balón en el campo de juego: se ocupan de que todas las distancias sean correctas y determinan la dimensión de lo que sucede. También mantiene unidos los átomos y, mediante la fuerza electromagnética, da forma a las nubes, las gotas y los cristales de hielo. Dicho de otro modo, los fotones ponen orden.

De ahí la ilusión de estar viviendo en un mundo formado por cosas sólidas. El vacío adopta un determinado aspecto porque las partículas, que no tienen ni forma ni dimensión, establecen una relación, un vínculo entre objetos espectrales que nos permite percibir el martillo y el dedo como formas tridimensionales sólidas. Ésa también es la causa por la que el martillazo deja un rastro doloroso. La unión de las partículas, tanto en el caso del hielo como en el del dedo, es siempre fuerte. Por eso el vacío del martillo no se limita a atravesar el vacío del dedo.

No obstante, cuando agarramos un martillo no percibimos únicamente su forma, sino también su masa. Por eso debemos aplicar una fuerza para acelerar el martillo en dirección al clavo. La masa del acero es la responsable del dolor que sentimos cuando erramos el golpe.

¿Y de dónde sale esa masa? Si el martillo consta de partículas sin masa agrupadas, ¿cómo va a haber masa metida en una forma incorpórea como ésa? A nadie se le ocurriría intentar pesar la luz o un dolor con la ayuda de una balanza. Sin embargo, las partículas han establecido relaciones entre ellas y cada una de las uniones contiene energía. Esa energía, resultante de la unión de electrones y núcleos atómicos, por ejemplo, depende de los fotones que los mantienen juntos. Y, tal como Einstein mostró a la humanidad, a cada energía le corresponde una masa. Cuando se unen, los espectros adquieren masa.

Las uniones más fuertes con diferencia actúan sobre el núcleo atómico. Allí oscilan los gluones, partículas «adhesivas» que se mueven entre los quarks y actúan igual que los fotones entre el núcleo y los electrones. Cuando explota una bomba atómica se desencadena una parte de la enorme energía de los gluones. Percibimos la misma energía nuclear como masa en el peso que notamos cuando levantamos algo, o en el ímpetu con el que un martillo golpea su objetivo. Pero esa energía que percibimos como masa no está simplemente ahí, sino que aparece cuando las partículas interactúan entre sí.

Sin embargo, las partículas también tienen una masa, aunque, comparada con la masa que generan al unirse, es muy reducida. Si pudiéramos poner sobre una balanza todos los quarks y los electrones que conforman un martillo por separado, en total no obtendríamos más que el peso de una hoja de papel. No obstante, aunque apenas notemos la masa de las partículas del martillo, tampoco podemos pasarla por alto, porque esos gramos pueden llegar a ser muy importantes: si los quarks y los electrones pueden unirse es sólo porque tienen masa propia, ya que gracias a ésta las partículas se vuelven más lentas y consiguen ofrecer resistencia a la aceleración. Sin masa, los quarks y los electrones se limitarían a pasar volando a toda velocidad sin llegar a formar átomos.

Pero ¿cómo es posible que las partículas adquieran masa si no tienen dimensión? Esta cuestión trajo de cabeza a los físicos durante décadas, hasta que en el año 2012 consiguieron resolver el enigma gracias al acelerador de partículas de Ginebra. Para ello, los investigadores tuvieron que utilizar esa máquina capaz de generar concentraciones de energía inimaginables: en menos de una millonésima de gramo de protones, el aparato es capaz de agrupar la energía que se necesita para fundir una tonelada de cobre. Impulsadas por esa energía, las partículas alcanzaron una velocidad equivalente al 99,999999 % de la velocidad de la luz en un vacío casi absoluto. La presión del gas en los tubos de ultra alto vacío del túnel es diez veces menor que en la Luna.

Lo que descubrieron los físicos de partículas fue que el vacío absoluto en realidad no está vacío, sino que la nada está llena de algo que los físicos, en honor a su colega escocés, llaman *campo de Higgs* o simplemente *Higgs*. El Higgs se comporta de un modo distinto de todo cuanto conocemos. Para la luz es absolutamente transparente, informe, no se puede detectar directamente y, sin embargo, está en todas partes.

Para comprenderlo mejor, resulta útil comparar el campo de Higgs con un enorme glaciar. Si paseamos por un paisaje nevado, bajo un cielo nublado y con luz mortecina, dejaremos de percibir la nieve y lo que tendremos delante se convertirá en una superficie blanca e indefinida. De un modo parecido, el campo de Higgs no se puede percibir ni se puede medir, ya que nos envuelve por completo. Pero si paseamos por ese paisaje ártico, los pies se nos hundirán y notaremos la resistencia que ofrece la nieve a cada paso. De un modo parecido, el campo de Higgs dificulta el movimiento de las partículas y las vuelve más lentas.

Cuando los físicos de Ginebra anunciaron la publicación de los resultados, en los informativos pocas veces mencionaron el campo, sino que más bien hablaron del descubrimiento de la *partícula de Higgs*. Las partículas de Higgs son algo parecido a los copos de nieve del paisaje helado: una estructura minúscula en un espacio vasto y uniforme cuya existencia, al contrario de lo que ocurre con el campo, se puede demostrar. De hecho, acababan de conseguirlo en el CERN.

¿Valió la pena gastar más de diez mil millones de euros para eso? El descubrimiento de las partículas de Higgs, mediante el rastro característico que deja su descomposición, dio la razón a los teóricos. Ya se considera demostrado que el campo de Higgs, que por lo demás es invisible, existe de verdad. Desde entonces también sabemos de dónde obtienen la masa las partículas de materia, aunque en sí mismas no tengan ninguna: en cuanto un quark o un electrón intentan aumentar su velocidad, les ocurre algo similar a lo que nos pasaría a nosotros si nos pusiéramos a andar por la nieve. Del mismo modo que la nieve frena nuestros movimientos, las partículas se mueven poco a poco, y esa oposición nos hace suponer que existe una masa, aunque en realidad lo que experimentamos es la resistencia que ofrece el vacío.

El Higgs también explica por qué no todas las partículas pesan lo mismo, y es que algunas acusan más que otras esa resistencia. Un esquiador se desliza velozmente por el paisaje, mientras que alguien que simplemente vaya a pie quedará hundido hasta las rodillas. En ese sentido, a los pájaros no les preocupa nada la acumulación de nieve en el suelo, porque pueden sobrevolarla. Los electrones serían esquiadores, los quarks irían a pie y los fotones son más bien como los pájaros. Los primeros avanzan ágiles por el campo de Higgs; los segundos, poco a poco, y los terceros, con toda libertad. Por consiguiente, los electrones tienen poca masa y los quarks tienen mucha, mientras que los fotones no tienen masa en absoluto. Es sólo por el hecho de que se comporten de ese modo que puede haber materia estable. Pero el Higgs en sí no es materia, sino producto del vacío.

Este campo tan curioso adquirió sus propiedades tras el Big Bang, cuando empezó la expansión y el enfriamiento del universo. Previamente, el cosmos era tan increíblemente candente y fluido que no ofrecía resistencia ante ningún movimiento. Todas las partículas vagaban a la velocidad de la luz y no había ni masa ni enlaces. Las partículas eran solitarias. Sin embargo, del mismo modo que el agua se convierte en nieve o en hielo cuando baja la temperatura, el Higgs adquirió su resistencia. Desde entonces, las partículas elementales se distinguen por la medida en la que el campo de Higgs impide su movimiento. Ese impedimento en el vacío es lo que percibimos como masa, la responsable de que en el cosmos se creen formas. Los costosos experimentos de Ginebra nos han enseñado que debemos nuestra existencia a un capricho de la nada.

Así pues, ¿el mundo es real? En cualquier caso, es muy distinto de cómo lo percibimos. En realidad, vivimos como en *Matrix*, aunque no se trate de un engaño urdido por un ordenador todopoderoso. Más bien nos las arreglamos como podemos con ilusiones para orientarnos en una realidad que encierra una complejidad desconcertante.

A Gottfried Wilhelm Leibniz le habrían encantado esos descubrimientos. «¿Por qué hay algo en lugar de nada?», reflexionaba el genial filósofo, matemático e inventor, bibliotecario ducal de la Casa de Hannover y una de las mentes más privilegiadas que ha visto nacer jamás Alemania. La admiración que despertaba incluso llevó a una marca a bautizar sus galletas de mantequilla con su apellido. Los méritos de Leibniz fueron muchos y variados: inventó una máquina calculadora, concibió sistemas filosóficos y, compitiendo con su contemporáneo Isaac Newton, sentó las bases de la física moderna.

La cuestión de la existencia del mundo es «lo primero que debe preguntarse quien tenga conciencia», escribió. Y esa pregunta fundamental lo dejó sin habla. «Porque la nada es más simple y más ligera que cualquier otra cosa.»

No obstante, Leibniz sólo podía imaginar la nada como un vacío absoluto. Se le escapaba que no tiene sentido reflexionar sobre una ausencia como ésa, porque supondría partir de la existencia de algo que precisamente nos faltaría. La definición, por tanto, ya supone una contradicción. Una nada capaz de abarcarlo todo, tal como Leibniz se la imaginaba, sería como un universo custodiado por unicornios en el que no existieran los unicornios.

La materia es muy distinta de cómo nos la imaginamos, y lo mismo puede afirmarse sobre la nada. No se trata de un estado de vacío absoluto, sino de indefinición. La nada es un escenario virgen, una sala en la que puede surgir cualquier cosa. Todo lo que experimentamos corresponde a una obra representada sobre ese escenario: un orden en la nada, que aparece como un destello y vuelve a esfumarse. Y lo llamamos *martillo* y *dedo*, *tierra* y *cielo*, *hombre* y *mujer*.

7

«¿QUIÉN HA ENCARGADO ESTO?»

Vivimos en un mundo de sombras. Da igual hacia dónde miremos, sin duda habrá veinte veces más de lo que veremos. Pero ¿más qué? No tenemos ni idea.

No obstante, sin energía oscura, sin materia oscura, no podríamos existir.

Me gustan los mapas antiguos, sobre todo de esa época en la que se surcaban los océanos pero el interior de los continentes todavía era un misterio para la humanidad. Cuando los veo me imagino cómo me las habría arreglado para explorar el mundo si hubiera nacido una o dos generaciones después de Cristóbal Colón. En las costas de América Central, por ejemplo, un mapa del año 1606 me habría servido para orientarme. De hecho, las líneas de costa, las desembocaduras de ríos y los asentamientos humanos que ya existían por aquel entonces aparecen tan bien representados que casi alcanzan la precisión de los mapas modernos. Sin embargo, cuando lo que queremos es adentrarnos en el continente, la imagen queda vacía. En el mejor de los casos, un aventurero podría aferrarse al curso de unos cuantos ríos, representados en el mapa serpenteando por territorios en blanco. A ambos lados de estos cursos fluviales, así como en sus fuentes, el cartógrafo se limitaba a dibujar montículos sin concretar, para indicar la existencia de un relieve que necesariamente tenía que existir, aunque en su momento todavía no lo hubieran contemplado los ojos de ningún europeo. Más allá de las cordilleras en las que nacían los ríos, en el centro del continente, vemos gente semidesnuda y la palabra *caníbales*. Me fascina y me conmueve comprobar cómo esos dibujantes combinaban el rigor y la fantasía en una sola imagen, porque sabían que tras aquella línea de costa recién descubierta había tantas cosas desconocidas que los exploradores seguirían regresando a casa cargados de novedades sorprendentes durante varios siglos. De repente, el mundo se había expandido enormemente.

Cuando contemplo el cielo nocturno, siento algo que seguramente se parece a lo que experimentaron los navegantes que llegaron por primera vez a las costas del Nuevo Mundo. Da igual hasta dónde alcancen a ver mis ojos, impresiona saber lo mucho que ignoramos y que queda oculto tras el mundo visible. Para los descubridores, la costa no era más que la frontera en la que el continente americano se elevaba sobre el océano. Para nosotros, el cielo nocturno es sólo la capa externa de un mundo mucho mayor, que permanece invisible.

Desde hace unos años conocemos una cifra inquietante para cualquier persona ávida de conocimiento: casi un 85 % del cosmos está formado por una sustancia sobre la que no sabemos nada de nada. Dicho de otro modo, no importa la dirección en la que observemos el cielo, siempre habrá al menos cinco veces más de lo que vemos. ¿Más qué? No tenemos ni idea. Ninguna investigación ha conseguido determinar ese algo desconocido hasta el momento.

Vivimos en un mundo de sombras, entre masas gigantescas que no podemos percibir y sobre las que no sabemos nada. Pero ese mundo de sombras se manifiesta en el cielo nocturno con imágenes espectrales. Las estrellas modifican de repente su resplandor, las galaxias aparecen rodeadas de anillos, ampliadas, desfiguradas, duplicadas y con múltiples reflejos. Algunos de esos fantasmas recuerdan a caras sonrientes, mientras que otros parecen cruces en el espacio. Entre esas figuras, una de las más bellas es la Cruz de Einstein, en la constelación de Pegaso. No se descubrió hasta 1985, a pesar de estar al alcance de los telescopios de los astrónomos aficionados. Consta de cuatro manchas luminosas que presentan la misma intensidad y forman una cruz griega. Como si se tratara de un caleidoscopio, esas manchas de luz reproducen cuatro veces un mismo objeto de gran luminosidad que se encuentra a más de ocho mil millones de años luz de distancia. En el centro de la cruz brilla una galaxia. Esa potente fuente de luz cuadruplicada es, según revela su espectro, un cuásar que oculta un agujero negro. La materia que éste absorbe alcanza tanta aceleración que resplandece por última vez antes de desaparecer.

El verdadero misterio de ese tipo de formaciones en 1985 todavía estaba, literalmente, envuelto en tinieblas. Sin embargo, en la teoría de la relatividad se atisbaba la posibilidad de explicar esos fenómenos: la galaxia y el cuásar, desde la Tierra, parecen estar alineados uno detrás del otro, de manera que la galaxia cubre al cuásar. Sin embargo, como sentenció Albert Einstein, las masas de gran tamaño curvan el espacio, por lo que cerca de masas tan colosales la luz ya no se propaga en línea recta, sino describiendo un arco. Este pronóstico ya se demostró durante el eclipse total de Sol que tuvo lugar en 1919: esa noche del 29 de mayo, las estrellas aparecieron por la mañana sobre América del Sur algo desplazadas respecto a su posición habitual, y cuanto más cerca estaban del Sol eclipsado, más desplazadas estaban. La masa del Sol había abollado el espacio y había arqueado los rayos de luz. El titular de *The New York Times* fue: «Se han movido todas las luces del cielo. La teoría de Einstein ha triunfado. Las estrellas no están donde brillan o donde se calculó que estaban, pero no hay motivos para preocuparse».

La galaxia que se encuentra en el centro de la Cruz de Einstein también curva el espacio. Sin embargo, puesto que esa galaxia comprende más de mil millones de estrellas, puede que genere una distorsión más compleja que la del Sol. La luz del cuásar podría rodear la galaxia por distintos caminos para volver a aparecer cuadruplicada en el cielo. Por esa razón los astrónomos al principio no vieron motivos para cualificar de sorprendente el fenómeno. Afirmaban que las imágenes fantasma como la Cruz de Einstein no eran más que otra confirmación, aun reconociendo su espectacularidad, de la teoría general de la relatividad.

Einstein incluso había previsto que la fuerza de la gravedad podía desfigurar el espacio hasta convertirlo en una lente capaz de magnificar el tamaño de las galaxias lejanas. Lo que observáramos a través de esa lente quedaría ampliado como si contempláramos el universo a través de una lupa gigantesca. En efecto, en los últimos años se han detectado esa especie de lupas cósmicas. Una de las lentes gravitatorias más potentes está formada por un cúmulo de galaxias inmenso llamado Abell 1689, que se encuentra en la constelación de Virgo, a más de dos mil millones de años luz de la Tierra. Ese cúmulo de galaxias distorsiona el espacio y arquea la radiación luminosa hasta tal punto que vemos galaxias muy lejanas como líneas circulares, y todos los objetos que quedan detrás de Abell 1689, ampliados. Por tanto, Abell permitió a los astrónomos descubrir algunos de los objetos más antiguos y alejados del cosmos en el año 2008. A través de ese telescopio natural, llegó a divisarse una galaxia al borde del universo visible, que había aparecido pocos centenares de miles de años después del Big Bang.

Pero la verdadera sorpresa fue Abell 1689 en sí mismo. Como pudo comprobarse, en ese cúmulo de galaxias no hay ni mucho menos la cantidad de estrellas necesaria para que se produzca un efecto tan espectacular. Además, no hay otras agrupaciones de galaxias capaces de distorsionar tanto el espacio lo suficientemente cerca para que interfieran. Lo innegable es que, gracias a Abell 1689, el cielo se pudo observar ampliado y plagado de anillos de luz que sólo podían ser el resultado de una fuerte distorsión del espacio. ¿Qué podría haberla provocado, pues?

Hay dos posibilidades: una es que las leyes de la gravitación que conocemos son incorrectas. Que la fuerza de la gravedad actúe a gran distancia con más fuerza de la que se creía, y que Einstein (y Newton antes de él) se hubiera equivocado. Una minoría entre los astrofísicos lo cree así, de hecho, aunque a mí no me convencieron. La ley de la gravedad se ha demostrado cierta en todas las demás circunstancias; si quieren que renuncie a ella, deberían ofrecerme una alternativa mejor, pero el caso es que nadie conoce ninguna.

Por otro lado, existe una hipótesis mucho más simple que explicaría esa curvatura acentuada de la luz que se manifiesta en objetos como Abell 1689: puede que la ley de la gravitación se cumpla pero el contenido de Abell 1689 sea mucho mayor que lo que vemos. Las estrellas son sólo una pequeña parte de las masas acumuladas en esa aglomeración de galaxias. Ésta es la explicación aceptada por la gran mayoría de los astrofísicos, y también la que he optado por creer yo mismo. Por consiguiente, la mayor parte de Abell 1689 debe de estar constituida por una sustancia que no emite luz ni ningún otro tipo de radiación: materia oscura.

Su gravedad, no obstante, responsable de la curvatura de la luz, revela la existencia de esa materia oscura. Gracias a la potencia de esa lupa cósmica pueden calcularse fenómenos que de lo contrario serían inexplicables, como la forma de esos anillos de luz y las imágenes fantasma donde se oculta la masa invisible. Todas y cada una de las galaxias en el cúmulo Abell 1689, por consiguiente, están envueltas por halos de materia oscura, una especie de nube diez, cien, en ocasiones incluso mil veces más pesada que todas las estrellas juntas. Al fin y al cabo, todo ese cúmulo de galaxias también está envuelto por un halo de materia oscura.

Si Abell 1689 existe, es gracias a esa nube. Sin ella, el cúmulo de galaxias se habría disuelto hace mucho tiempo, o probablemente ni siquiera se habría formado. Las galaxias de las que consta Abell 1689 se mueven tan rápido que generan unas fuerzas centrífugas enormes, por lo que se habrían distribuido desde hace mucho tiempo en todas las direcciones y por todo el espacio, si la nube de materia oscura no las mantuviera unidas con su fuerza gravitatoria. En el caso de la galaxia que dibuja la Cruz de Einstein en el cielo nocturno, también encontramos un 90 % de materia oscura.

Y eso mismo se repite en todo el universo. Lo que permite que existan estructuras en el espacio es la materia oscura que mantiene unida la materia luminosa. La materia oscura es una especie de masilla cósmica que envuelve todas las galaxias, también la nuestra. En el año 2014, los astrónomos por fin descubrieron las primeras galaxias oscuras. Incluso la Vía Láctea tiene una gemela oscura en el universo, vagando por la constelación de Coma Berenices. Es una galaxia de las mismas dimensiones que la nuestra, aunque formada por materia oscura casi en su totalidad.

La materia oscura no sólo se extiende alrededor de las galaxias luminosas y hacia el espacio, sino que también forma estructuras propias que llenan el espacio intergaláctico. Como rosetones de nata sobre un pastel de chocolate gigantesco, parece como si los objetos luminosos estuvieran colocados encima de ella. ¿Todo lo que vemos en el cielo no es más que decoración?

Los cosmólogos del siglo xxi, en mi opinión, se parecen a esos descubridores de otros tiempos que, tras llegar a un continente lejano, se encontraban con una gran cordillera costera y especulaban sobre lo que podría haber detrás. Aunque los cosmólogos ni siquiera divisan un puerto de montaña, porque se enfrentan a una sierra absolutamente cubierta de niebla. Sobre la materia oscura, en realidad, sólo sabemos que no emite luz ni ningún otro tipo de radiación. Por eso debe de ser algo completamente distinto de lo que conocemos: en todo lo que podemos ver actúan fuerzas electromagnéticas. El electromagnetismo une los núcleos atómicos y los electrones para formar átomos, une los átomos para formar fluidos y cuerpos sólidos, y genera resistencia entre líquidos o sólidos. De hecho, la luz no es más que radiación electromagnética. La materia oscura, en cambio, no reacciona a esas fuerzas electromagnéticas, de ahí que no se pueda detectar. Las partículas oscuras podrían atravesar libremente todo lo visible, como un fantasma. Según algunas estimaciones, miles de millones de esas partículas traspasan nuestro cuerpo cada segundo sin que nos demos cuenta. Para la materia oscura, de hecho, no existimos.

Sin embargo, ese mundo de sombras de la materia oscura ejerce alguna influencia a nivel cósmico, porque su masa sí atrae a otras masas. La única consecuencia que nos afecta de la materia oscura es su gravitación, que no sólo confiere a la Vía Láctea esa característica forma de espiral, sino que en ocasiones también ejerce una influencia inmediata sobre lo que ocurre en la Tierra. La física de partículas Lisa Randall incluso cree que la materia oscura podría ser la responsable de la extinción de los dinosaurios. Randall, investigadora en la Universidad de Harvard, se preguntó por qué grandes cometas impactaban de forma regular en la Tierra, y cree haber reconocido un patrón en la sucesión de este tipo de catástrofes: más o menos cada treinta millones de años, aumenta el número de cuerpos celestes que colisionan contra nuestro planeta. El motivo hay que buscarlo en la materia oscura, que se acumula sobre todo en los niveles medios de la Vía Láctea. Puesto que el Sol, como todas las estrellas, da vueltas alrededor del centro de la Vía Láctea, atravesará esos niveles medios con una frecuencia aproximada de treinta millones de años. Cuando eso ocurre, la materia oscura allí acumulada atrae cometas con su gravitación y éstos entran en un rumbo de colisión con la Tierra, según las suposiciones de Randall: eso explicaría que un meteorito enorme cayera hace sesenta y seis millones de años en lo que hoy en día es el golfo de México, que el impacto desencadenara una catástrofe climática y que ésta exterminara a todos los dinosaurios.

En la actualidad, nadie sabe cómo se distribuye exactamente esa materia oscura por la Vía Láctea, ni si realmente es capaz de desviar meteoritos hacia la Tierra. La teoría de Randall, por tanto, no es más que una especulación. Pero incluso si llegara a comprobarse lo contrario, que la materia oscura no fue la responsable directa del final de los grandes saurios y del progreso de los mamíferos, lo que sí es indudable es que ha determinado nuestro destino. Porque, sin ella, ni siquiera habría existido un destino, ni para nosotros ni para ninguna otra forma de vida del universo. Fue sólo gracias a la gravitación de las masas oscuras que la materia visible distribuida de un modo uniforme por todo el universo tras el Big Bang pudo contraerse hasta formar galaxias y encender estrellas. Sin esa materia oscura no se habría formado el sistema solar y, por supuesto, no existiríamos nosotros. Si estamos aquí es gracias a esa gran desconocida del universo.

La materia oscura se considera uno de los mayores desafíos que pueden cambiar nuestra concepción del mundo en el siglo XXI. Los físicos no escatiman esfuerzos para apresar de una vez a esas inciertas partículas que forman la mayor parte del universo. Han enviado detectores a la estación espacial y han descendido a galerías subterráneas de miles de metros de profundidad bajo la superficie terrestre. Allí, los investigadores esperaban poder calibrar un mínimo retroceso tras disparar una partícula oscura contra el núcleo de un átomo de gas noble. La señal que se esperaba obtener se estimó tan débil que se consideró necesario protegerla de las perturbaciones con una capa kilométrica de roca. También se descartó la posibilidad de blindar los detectores con plomo recién extraído, puesto que todavía presentaría un nivel de radiactividad leve. Por eso los físicos italianos encargaron a buceadores que rescataran del suelo del Mediterráneo metales procedentes de antiguos naufragios. Los arqueólogos se escandalizaron al ver cómo metían en la galería el plomo extraído de un barco que había pertenecido al emperador Nerón. Los físicos iniciaron casi una docena de experimentos de ese tipo en un túnel de los Apeninos, en minas abandonadas de Estados Unidos, en China y en Canadá. Sin embargo, a pesar de los esfuerzos mantenidos a lo largo de más de una década, no han conseguido detectar ni el más mínimo indicio de que hubiera una sola partícula oscura.

La materia oscura no escapa sólo a las mediciones, sino también a las teorías. Y es que no tiene cabida en el concepto de creación y origen del mundo que los físicos elaboraron durante la segunda mitad del siglo xx. La tímida denominación que los físicos eligieron para su versión de la historia de la creación es *modelo estándar de la cosmología,* un término demasiado modesto. Aunque esa teoría no puede tener en cuenta la materia oscura y eso implica obviar la mayor parte del cosmos, se considera uno de los mayores triunfos de la ciencia, porque describe cómo a partir del Big Bang se formó toda la materia que conocemos y, por consiguiente, el universo visible. Básicamente, el modelo estándar utiliza fórmulas matemáticas para relatar una historia que nos explica cómo hace más de trece mil millones de años se formaron las primeras partículas a partir de pura energía; cómo las partículas se fusionaron y dieron lugar a núcleos atómicos; cómo esos núcleos atraparon electrones y, con ello, se convirtieron en átomos; cómo los átomos se agruparon para constituir nubes gaseosas, estrellas y galaxias y, finalmente, cómo las estrellas actuaron como reactores de fusión para dar lugar a elementos químicos, entre los cuales se cuentan el oxígeno y el carbono, los ingredientes principales de nuestro cuerpo.

Un génesis científico se diferencia de un mito en la necesidad de basarse en datos verificables, y el modelo estándar superó todas las pruebas con creces. Quedó confirmado en todas las mediciones astronómicas y en todos los experimentos de física de partículas a los que se sometió. El *modelo están-*

dar de la cosmología resulta que tiene un hermano: el *modelo estándar de la física de partículas*. Éste no relata ninguna historia, sino que establece unas reglas, las del juego de construcción modular que dio lugar al mundo visible. Ese juego modular sólo consta de unas cuantas partículas de materia distintas. Las más importantes son los quarks, con los que se forman los núcleos atómicos, y los electrones, que giran alrededor de los núcleos. También hay unos cuantos parientes exóticos de los electrones, y finalmente está el campo de Higgs, que dota de masa a todas las partículas. La combinación de esos pocos ingredientes da lugar a todo cuanto podemos ver.

Las fuerzas que se encargan de unir esos componentes son cuatro. La primera es la *fuerza fuerte*, que vincula los quarks a los núcleos atómicos. Por ese motivo, antes se la conocía como *fuerza nuclear fuerte*. La segunda es la *fuerza débil*, responsable de la radiactividad que provoca la desintegración de determinadas partículas. Esas dos fuerzas sólo actúan si las partículas están muy cerca. La tercera fuerza es el *electromagnetismo*, el encargado de mantener unidos los núcleos y los electrones para formar los átomos, pero también para la luz y para todas las demás radiaciones electromagnéticas, como, por ejemplo, las microondas o las ondas radioeléctricas. La cuarta fuerza es la *gravitatoria*, que actúa a gran distancia, igual que la electromagnética.

Más allá de las partículas conocidas y de estas cuatro fuerzas, según el modelo estándar, no existe nada más. La materia oscura no forma parte de ese juego de piezas con el que se construyó el mundo. «¿Quién ha encargado esto?», se quejó el premio Nobel de Física estadounidense Isidor Rabi, al ver que aparecía un pariente inesperado de los electrones en su laboratorio de partículas, poco después de la Segunda Guerra Mundial. La materia oscura plantea a los físicos actuales un dilema parecido, aunque todavía mayor.

Deben aceptar que más del 80 % de la materia del universo ha demostrado ser oscura. Todavía más enigmático es el motivo por el que el modelo estándar, pese a sus enormes lagunas, sigue siendo tan apreciado. Teniendo en cuenta lo poco que sabemos, resulta cuando menos sorprendente lo bien que llegamos a comprender el cosmos. ¿O nos estamos regocijando con un conocimiento ilusorio?

La era de los grandes descubrimientos no ha quedado atrás, más bien acaba de empezar. Quien, igual que yo, decida creer en la existencia de la materia oscura deberá aceptar que la mayor parte de lo que compone el universo todavía permanece inexplorado. En cambio, quien comparta la opinión de esa minoría de astrofísicos que descartan esa posibilidad deberá refutar las leyes de la gravitación que conocemos hoy en día. Pero en este caso también nos queda mucho por descubrir. Y da igual cuál sea nuestra visión del tema: sea materia oscura o una gravitación extraña, en cualquier caso, no constituye, ni mucho menos, la mayor incógnita del universo. Todavía quedarían por explorar la mayoría de las energías que actúan en el cosmos. Y es que todas las formas de energía que conocemos quedan ampliamente superadas por otra energía sobre la que no sabemos nada más allá de un hecho innegable: esa exótica energía existe, y determina el destino del universo. Sin embargo, más allá de su existencia y de su importancia, no sabemos absolutamente nada sobre ella.

¿Cómo se puede explicar un fenómeno cósmico cuya existencia se descubrió hace tan pocos años? En 1998, dos grupos de astrofísicos estadounidenses, europeos y australianos se equivocaron al medir la velocidad de unas galaxias lejanas. Se sabe desde hace décadas que esas galaxias se alejan de nosotros como consecuencia del Big Bang. La energía que se liberó al principio del tiempo sigue expandiendo el espacio; es como una masa con levadura, creciendo en un lugar cálido. Sin embargo, el Big Bang sucedió hace trece mil ochocientos millones de años, y lo normal sería que esa expansión del espacio estuviera disminuyendo de forma paulatina. No hay ninguna masa de pizza que suba eternamente; en cuanto la levadura ha consumido ya toda la energía del azúcar, vuelve a desinflarse. Además de la gravitación que contrae a todas las masas, en el cosmos también tiene lugar una tensión contraria: la expansión del espacio. Los astrofísicos dedujeron que la expansión del universo en todo caso se estaría ralentizando, y hubo científicos que incluso infirieron que la fase de hinchamiento ya había llegado a su fin y el universo volvía a contraerse. Porque un cosmos, tal como se lo imaginaban por aquel entonces, tenía que acabar implosionando en algún momento debido a las fuerzas de atracción de la materia visible y oscura.

Debido a esas expectativas, los resultados de las mediciones todavía se revelaron más sorprendentes: resulta que no hay ni el más mínimo indicio de que el universo esté dejando de expandirse, por no hablar ya de llegar a contraerse en algún momento. Todo lo contrario, su expansión incluso se está acelerando. Algo desconocido contrarresta la gravitación que contrae todas las masas.

El estadounidense Michael Turner bautizó como *energía oscura* a esa fuerza capaz de conseguir que el universo se expanda cada vez más rápido. La declaró el mayor misterio de la ciencia, y la verdad es que no le faltaba razón. La energía oscura consigue que el cosmos sea como las gachas dulces del cuento de los hermanos Grimm, que brotan sin parar del puchero mágico, poco después ya llenan todo el suelo de la cocina, luego cubren toda la calle, y así hasta que acaban inundando la ciudad entera porque no paran de crecer. El fenómeno parece inagotable.

Ninguna de las fuerzas naturales que conocemos permite explicar este efecto. Las cuatro fuerzas de la física conocida (la fuerte, la débil, la electromagnética y la gravitatoria) actúan atrayendo los cuerpos. La energía oscura, en cambio, los separa. No se sabe nada más sobre ella. ¿Realmente hay, como muchos físicos creen, cinco fuerzas naturales? Una explicación más sencilla podría ser que el mismo espacio provoca su propio crecimiento. Por tanto, el espacio se despliega por el simple hecho de encontrarse allí, como les ocurre a esas flores de origami cuando se dejan en el agua. Albert Einstein ya acarició esta idea, aunque más adelante la descartó y se refirió a ella como «el mayor disparate de mi vida». No obstante, la visión actual de la creación del espacio no difiere tanto como parecía indicar la idea que Einstein y sus contemporáneos tenían acerca de la nada. Al fin y al cabo, lo que entendemos como *vacío* no existe; incluso el vacío más absoluto está lleno de energía, como ya hemos explicado en los capítulos anteriores. Así pues, ¿por qué no debería actuar esa energía que dilata las distancias, que implica el crecimiento perpetuo del espacio? ¿No se puede concebir el mundo como una pieza de origami de dobleces infinitas?

Pero ¿por qué esa fuerza que lo separa todo actúa con tanta suavidad? Con el modelo estándar se puede estimar la cantidad de energía que contiene el vacío, y a partir de ahí se obtiene un valor vertiginoso, al menos 10^{100} veces más fuerte que la energía oscura que se ha podido observar realmente. Pocas veces los físicos se han apartado tanto de la realidad con una teoría. Comparada con las cuatro fuerzas naturales conocidas, la energía oscura actúa con un grado de disolución homeopático, comparable a verter una gota de tinta en el océano. La posibilidad de demostrar la influencia de la energía oscura sobre las galaxias lejanas constituye uno de los retos más emocionantes de la nueva física. Por otra parte, lo que se ha descartado es que un yogui pueda utilizar la energía oscura para flotar sobre su alfombra: la gravitación prevalece mucho más.

Las masas y las energías del universo que resultan inexplicables pueden llegar a desesperar a los científicos, pero no podemos dejar de considerar que su existencia es un verdadero golpe de suerte para la humanidad. Porque la materia visible no basta para formar un mundo en el que podamos vivir. Sin la materia oscura no habría ningún cuerpo celeste en todo el universo capaz de albergar vida. En un mundo semejante no habría estrellas en el cielo, sólo habría gases esparcidos por unas tinieblas infinitas. Y si la proporción de energía oscura respecto al resto de las fuerzas naturales fuera distinta, ni siquiera se habrían creado esas nubes gaseosas. Un universo con una energía oscura más fuerte se habría dispersado tan rápido que la materia habría alcanzado la máxima dispersión posible.

Sin embargo, aunque la energía oscura actúa de un modo muy leve para permitir la formación de estructuras estables, lo cierto es que se encuentra en todo el universo. Está presente en todas partes, el total de fuerza oscura en la inmensidad del espacio intergaláctico es inmenso. Teniendo en cuenta que, según Einstein, la masa y la energía son equivalentes, actualmente el universo está formado por casi un 70 % de energía oscura. Lo disgrega todo, con el tiempo acaba con todas las formas. Y, aun así, su proporción es la justa para que puedan existir galaxias, estrellas, planetas e incluso personas. Esa armonía de fuerzas tan perfecta es uno de los mayores misterios de nuestra existencia.

8

CÓMO PASA EL TIEMPO

Una barba canosa se pregunta por qué no puede volver el pasado. Experimentamos el paso del tiempo porque no somos omniscientes.

El universo también envejece.

No hace mucho me llevé un buen sobresalto de buena mañana. Acababa de regresar de una larga excursión por los Alpes durante la que no había podido mantener mi costumbre de afeitarme todos los días. Me disponía a cargar la brocha de espuma cuando me vi en el espejo y dudé de si ya me había enjabonado la cara. Tenía la barbilla y las mejillas tan blancas como si las llevara recubiertas de espuma de afeitar. ¿Era una alucinación? ¿O es que empezaba a perder la memoria? Me toqué la cara y me di cuenta de que la tenía seca. Por tanto, no tenía motivos para preocuparme por mi salud mental. Lo que había tomado por espuma blanca sobre el pelo negro eran, en realidad, canas.

Y es que el tiempo pasa. Nada nos parece más obvio que el futuro transformándose en pasado. Nos resulta absolutamente imposible imaginar un mundo sin tiempo y, aun así, debería extrañarnos que nos parezca tan evidente. Al fin y al cabo, no percibimos el tiempo en absoluto. Lo único que notamos es que una situación es distinta de como la recordamos. Por consiguiente, ¿podría ser que el tiempo no sea más que otra palabra para referirnos al cambio? Eso es lo que me pasó por la cabeza mientras cargaba la brocha con espuma de afeitar. Entonces, los filósofos que durante milenios se dedicaron a reflexionar sobre la naturaleza del tiempo siguieron una pista falsa. Mi respuesta a la pregunta sobre la esencia del tiempo parecía sencilla: una barba encanecida.

Pero ¿de dónde procede ese cambio? ¿Por qué ayer era distinto de hoy? ¿Por qué tenemos que envejecer? No es fácil responder a eso, y es que, al fin y al cabo, muchas cosas pueden revertirse. Una barba incipiente se puede rasurar, una compra demasiado impulsiva se puede devolver, y quien se marcha de viaje suele poder regresar a casa. El paso del tiempo se percibe más bien en los cambios permanentes. La diferencia entre pasado y futuro la advertimos sólo porque hay acontecimientos que no pueden revertirse. Una manzana arrugada nunca recuperará la piel tersa. Un comentario irreflexivo se puede retirar, pero no se puede borrar el hecho de haberlo soltado. Y la experiencia almacenada en la memoria no nos permite volver a tener diecisiete años.

Hay cosas que suceden de forma irrevocable. Por eso experimentamos el presente como un momento especial, porque jamás podré volver a ver a mi hija intentando montar en bici por primera vez. Las imágenes de sus giros tambaleantes por el aparcamiento vacío y los gritos de entusiasmo sobreviven en mi cabeza como recuerdos, pero los recuerdos no me parecen reales. Al parecer, el pasado se pierde para siempre. Sin embargo, podemos saber que hubo un mundo en tiempos del emperador Augusto, aunque no lo vivimos más que como una novela de fantasía. ¿Por qué? Porque no estamos presentes en ese mundo. Sólo percibimos como real el mundo instantáneo, el «ahora».

No se trata de algo trivial en absoluto. Y es que con los sitios no nos sucede lo mismo, no pensamos del mismo modo en el caso de «aquí». Con esa palabra me refiero a mi punto de vista, pero sólo en el espacio, no en el tiempo. Sin embargo, cuando estoy en Berlín, no pongo en duda los otros lugares, también los reconozco como realidad. Es evidente que el mundo existe también en Nairobi, aunque yo no esté allí. Al fin y al cabo, para convertir Nairobi en mi «aquí» sólo tengo que comprarme un billete de avión. Acudir a una villa pompeyana como invitado, en cambio, no está en mis manos, sobre todo porque el Vesubio se encargó de sepultar la ciudad antigua hace casi dos mil años. Por eso el mundo nos parece un espacio inmenso, mientras que el tiempo lo percibimos más bien concentrado en un punto: el presente.

La distinción entre pasado, presente y futuro nos parece tan irrevocable que podríamos pensar que existe una ley natural que la explique. Sin embargo, no es así, nunca ha existido una ley semejante. Es mucho más probable todo lo contrario: todos los procesos elementales de la naturaleza se pueden revertir. Un péndulo oscila de izquierda a derecha, y luego de derecha a izquierda; si una película de ese movimiento se proyectara al revés, nadie se daría cuenta. Vista desde el Polo Norte, la Tierra gira en sentido antihorario, pero no hay ninguna ley física que impida la rotación en sentido opuesto. En Venus, el Sol sale por el oeste. Los móviles funcionan porque una antena emite ondas electromagnéticas, pero también las recibe. Todos los átomos pueden absorber luz, pero también pueden irradiarla. Y, así, muchas otras cosas: no hay ninguna ecuación fundamental de la física capaz de revelar nada sobre lo transitorio. Ni la teoría de la relatividad, que describe el desarrollo del cosmos, ni la teoría cuántica, que describe los procesos más microscópicos, establecen diferencias entre pasado y futuro. Todo lo que ayer fue mañana puede volver a ser.

Esa frase la escribió Albert Einstein tres semanas antes de morir, en una conmovedora carta de condolencia que mandó a los familiares de su gran amigo Michele Besso, que había fallecido pocos días antes: «Se me ha adelantado un poco a la hora de despedirse de este mundo maravilloso, pero eso no significa nada. Para los que creemos en la física, la diferencia entre pasado, presente y futuro no es más que una ilusión, por muy obstinada que sea».

¿El paso del tiempo es realmente una mera ilusión? Por supuesto, Einstein sabía el motivo por el que, a pesar de todas las leyes elementales de la naturaleza, no volvería a ver a su amigo entre los vivos. La respuesta la había encontrado un hombre al que Einstein admiraba: el físico vienés Ludwig Boltzmann, quien afirmó que experimentamos el transcurso del tiempo porque sabemos muy poco acerca del mundo.

En su momento, la idea resultó escandalosa. Boltzmann no sólo afirmó haberse aproximado al enigma ancestral de la transitoriedad, sino que además indignó a sus colegas con su argumentación. Dio por supuesto que el mundo estaba formado por átomos, y añadió que tras lo que percibimos como el transcurso del tiempo se ocultaban los movimientos de esos átomos, sobre los que no podíamos influir. Esa explicación supuso una afrenta contra todo lo que los físicos más influyentes de Viena y Berlín consideraban que era la ciencia verdadera en 1877: un investigador serio sólo podía hablar sobre lo que se podía percibir. «¿Ha llegado a ver alguno?», solían replicarle sus adversarios cada vez que Boltzmann empezaba a hablar sobre átomos. Los expertos estaban tan furiosos que uno de ellos incluso comparó los ataques contra Boltzmann con la crueldad de la tauromaquia. Los científicos también sacan las uñas cuando se ven enfrentados a sus propios prejuicios y se los invita a abandonarlos.

Sin embargo, Boltzmann también tuvo seguidores acérrimos. El emperador Francisco José lo acogió en su corte e incluso quiso recompensarlo con un título nobiliario, aunque el físico lo rechazó porque aborrecía el régimen autoritario austriaco: «A mis antepasados y a mi padre, el apellido Boltzmann les pareció bien, por lo que también será bueno para mí, para mis hijos y para mis nietos». En cualquier caso, haber caído en gracia en la corte no le sirvió de nada. Ante la constante animadversión de sus colegas, su salud empeoró ostensiblemente y cada vez se quejaba con más frecuencia de lo agotado que se sentía. Sumido en una profunda depresión, Boltzmann se ahorcó en septiembre de 1906, durante unas vacaciones en un hotel cerca de Trieste, por lo que no llegó a ver cómo se imponían sus ideas.

Hoy en día, la existencia de los átomos nos parece tan evidente como la rotación de la Tierra. Sin embargo, la manera de explicar el tiempo de Boltzmann sigue considerándose una provocación porque nos hace dudar de la inmediatez de nuestras percepciones. Lo que vemos, oímos o degustamos nos parece obvio y, por tanto, simple: una barba, por ejemplo, o una hogaza de pan. En cambio, consideramos complicadas las cosas que no logramos concebir, que no imaginamos fácilmente, como los átomos. Aun así, Boltzmann ya defendió que, en realidad, es todo lo contrario: los átomos son simples. Conociendo unos cuantos parámetros, lo sabremos todo acerca de ellos. (La oscilación del péndulo, la rotación de los planetas o la radiación de las antenas de telefonía móvil también pueden considerarse fenómenos simples.) En cambio, el comportamiento de la barba y de la hogaza de pan son complejos. Para que crezca el pelo o para que el pan tenga buen sabor, deben interaccionar un gran número de átomos de maneras muy complicadas. Jamás podremos saber exactamente todo lo que llega a ocurrir en esos procesos, y eso no sólo supera la capacidad de nuestro intelecto como humanos, sino que también supera la de cualquier inteligencia concebible en el universo. En el cuarto capítulo ya hemos visto hasta qué punto puede ser difícil elaborar un pronóstico meteorológico.

Cuando vivimos el presente, la ignorancia no nos resulta molesta. Vemos la barba o degustamos el pan sin preocuparnos de los átomos, y cada cosa tiene un estado que se puede percibir y se puede medir. Podemos detectar sin dificultad el aspecto, la forma, el sabor, la presión o la temperatura. El ahora es inmediato por nuestra capacidad de percibir todas esas propiedades sin que sea necesario prestar una atención especial. Por eso el presente es un momento especial. Sin embargo, los estados que vemos, sentimos o degustamos no son más que la capa superficial del mundo, etiquetas que asignamos a los átomos para describirlos como *pan recién horneado*, *barba negra* o *tiempo húmedo y frío*.

Pero si queremos saber cómo cambian esos estados, tendremos que fijarnos en lo que hay más allá de la superficie. El pan se endurece cuando el agua que contiene se evapora, y la barba se vuelve gris cuando las células pigmentarias dejan de funcionar en la raíz del pelo. Todo ello depende de la actividad de los átomos y no sabemos mucho sobre ello, por lo que sólo nos queda la opción de fijarnos en las probabilidades.

Entonces aparece el carácter transitorio. Porque hay pocas posibilidades de que un estado se conserve, y muchas de que desaparezca. Si gozamos del sabor del pan recién hecho es porque contiene una humedad determinada en la corteza y la miga, es decir, una disposición muy especial de los átomos que lo forman. Pero ¿podemos saber dónde se encontrarán esos átomos al cabo de una semana? No. Los átomos se mueven, pero no sabemos exactamente cómo. No obstante, sabemos que al cabo de una semana el pan habrá perdido casi todo su sabor. Después de todo, las moléculas de agua del pan tienen muchas más posibilidades de distribuirse por el aire en forma de vapor que de quedarse donde están. Con toda probabilidad, tarde o temprano acabará siendo pan seco. Los átomos son como ratoncillos en un jardín: con su actividad incontrolable, son capaces de estropear el aspecto exterior sin que podamos hacer nada para evitarlo.

La genialidad de Boltzmann consistió en aclarar la diferencia entre pasado y futuro mediante el conocimiento y la probabilidad. Sabemos más sobre el pasado que sobre el futuro. Ahora el pan está recién hecho, y podemos constatarlo con todos los sentidos. Si pensamos en el futuro, ya no podemos saber nada, porque ignoramos cómo se mueven los átomos. Boltzmann encontró, además, una medida para la ignorancia que aumenta con el paso del tiempo o que, en el mejor de los casos, se mantiene, un tamaño que nos permite saber la cantidad de información que nos falta acerca de un proceso: lo llamó *entropía*. Aunque no podemos percibirla directamente, es posible que el papel de la entropía sea incluso más importante que el de la energía, porque explica por qué el mundo no para de cambiar.

La entropía aumenta cuando el azúcar se disuelve en el té (asumiendo que antes tenía forma de terrón y luego se encuentra en algún lugar dentro de la taza); crece cuando las manzanas se arrugan (una parte del agua que estaba dentro de la fruta ha pasado a la habitación por medios que desconocemos); se incrementa si el coche de repente no arranca (¡maldición!, ¿cómo es posible?), y también cuando envejecemos.

Además, una barba negra es un estado singular. Un pelo es moreno o rubio porque las células pigmentarias que se encuentran en la raíz determinan que debe tener ese color. Para mantener vivas esas células, tendríamos que coordinar un gran número de reacciones químicas. Por consiguiente, si vemos un pelo negro, sabemos que billones de átomos están organizados de un modo muy determinado, ya que de lo contrario el resultado sería distinto.

En cambio, para paralizar todo el sistema basta con que se produzca un único error. Si en algún lugar falta una sola sustancia, si en el núcleo celular se desplazan unos cuantos átomos de la sustancia genética, la célula puede morir. El pelo encanece para siempre, y normalmente ocurre sin que sepamos exactamente el motivo. Si algo se tuerce, se tuerce todo: en eso consiste la ley de Boltzmann.

Si un pelo se convierte en cana, perdemos conocimiento sobre el sistema y crece la entropía: la barba ha pasado de un estado más improbable a otro más probable. Al fin y al cabo, una célula pigmentaria tiene muy pocas posibilidades de actuar como es debido, mientras que las probabilidades de que fracase son mucho mayores. Un premio gordo de la lotería es altamente improbable, ya que depende de acertar una sola combinación de cifras. Hay muchas más probabilidades de acertar sólo cuatro de las seis cifras, porque las combinaciones que coinciden con ese objetivo son mucho más numerosas. Desde el punto de vista biológico, una barba negra equivaldría a acertar los seis números de la lotería.

¿Una barba canosa puede recuperar su color original? Teóricamente es posible. Las leyes de la naturaleza permiten que los acontecimientos se puedan revertir. Aun así, las circunstancias dentro de la célula son de lo más complicadas. ¿Qué probabilidad existe de que miles y miles, tal vez millones, de átomos vuelvan a organizarse de forma espontánea para que la célula pueda generar de nuevo una pigmentación oscura? Sin duda podríamos considerar que se trataría de una coincidencia increíble. La paciencia necesaria para esperar a que regresara el color del pelo no puede medirse en vidas humanas; ni siquiera bastaría con el tiempo que lleva existiendo el universo.

Los estados improbables ceden su lugar a estados más probables. Cuanto más improbable sea un estado, más volátil resultará, y al revés: cuanto más probable sea un estado, más resistencia demostrará, y eso implica también que costará más revertirlo. Cuando algo avanza y no existe la opción de volver atrás, experimentamos el paso del tiempo.

Si pudiéramos revertir cualquier proceso del universo, el tiempo no tendría importancia para nosotros. Seríamos capaces de reorganizarlo todo y dejarlo tal como había sido en algún momento, por lo que no habría manera de diferenciar entre el pasado y el futuro. Un ser omnipotente, de hecho, tendría que existir al margen del tiempo. Nosotros, en cambio, vivimos encerrados en él, porque no podemos influir en casi nada de lo que ocurre, y sobre todo no podemos predecir lo que ocurrirá.

Tras el enigma del tiempo también se encuentra la casualidad, la danza impredecible de los átomos. Esa relación explica por qué Einstein consideraba que la separación entre pasado, presente y futuro no era más que una ilusión: ¡porque creía que no existía la casualidad! Einstein era determinista, estaba convencido de que todo cuanto sucede en el mundo está predeterminado por las leyes naturales, y que experimentamos el paso del tiempo sólo porque no conocemos totalmente esos procesos.

Contradecir a un determinista es muy complicado, porque adopta la perspectiva de un ser omnipotente. Sin embargo, ¿qué se consigue con ese punto de vista? Al fin y al cabo, lo que queremos es comprender el mundo y, por desgracia, nuestra condición de humanos implica una gran ignorancia. En cualquier caso, gracias a Boltzmann conseguimos definir con precisión esa ignorancia: cuanto mayor es la entropía, más información nos falta. Cuanto más nos cuesta recuperar el pasado, más sometidos estamos al tiempo.

Cuando no podemos ejercer ningún control, es de esperar que las cosas pasen de un estado improbable a otro más probable, pero no al revés. Lo especial quedará sustituido por lo general, de manera que el ayer se pierde para siempre.

Experimentamos el tiempo como una decadencia a la que nos entregamos a medida que se nos escapa la vida. El pan pierde su aroma y su sabor, los edificios se desmoronan y la erosión desgasta las montañas. Los seres vivos nos resistimos a ese proceso, aunque no por mucho tiempo. En cualquier caso, destruimos el orden mientras dura nuestra existencia. El hecho de que la entropía no pueda disminuir no es más que una formulación matemática de esa experiencia. Los físicos lo llaman la *segunda ley de la termodinámica*: si se reúnen todos los objetos que forman parte de un proceso, su entropía no puede disminuir jamás. Así lo describe la segunda ley fundamental. Lo improbable, con el tiempo, cederá su lugar a lo que resulte más probable. Todavía no se ha descubierto ni un solo proceso capaz de contradecir esta regla.

Todo lo que hay en el universo debe envejecer, también el propio universo. Hemos asumido que en un futuro lejano el Sol se extinguirá, que el sistema planetario se disolverá, e incluso que las galaxias desaparecerán. Al fin y al cabo, el cosmos que conocemos hoy en día, en el que las estrellas brillan y los planetas giran, sigue un orden muy especial de la materia. Y, por el hecho de ser especial, también es transitorio. El caos es mucho más probable.

Por otra parte, podemos definir como especial todo cuanto nos rodea. Pensemos en el azúcar del té, en la manzana, en la gente y en las estrellas, ¿cómo es posible que su existencia sea compatible con las leyes de probabilidad? Lo especial nunca es duradero. A largo plazo acaba ganando siempre lo que tiene más probabilidades de ser: el caos. Por eso el enigma del tiempo nos traslada hasta un misterio todavía mayor: ¿cómo es posible que existan estructuras en el mundo? ¿Por qué surgieron el azúcar, la manzana o las estrellas? ¿Por qué estamos aquí?

Una barba negra es tan improbable que lo asombroso es que exista. Al fin y al cabo, los átomos de las células pigmentarias de las raíces del pelo interactúan con una gran delicadeza, y teniendo en cuenta que la más mínima alteración puede paralizar el sistema, lo más normal es que las células fallen y dejen de colorear el pelo. En realidad, las células pigmentarias mueren continuamente, como casi todas las células del organismo humano. Pero el cuerpo puede sustituir las células muertas por células nuevas. Nos renovamos, por eso no nos salen canas durante la primera juventud.

¿Significa eso que conseguimos vencer a la entropía, aunque sólo sea por un tiempo? En absoluto. Sólo detenemos nuestra propia decadencia para causar un desorden todavía mayor en otra parte. Comemos y respiramos. El pan y la manzana son estados más ordenados que los excrementos humanos. Para renovar unos cuantos centenares de gramos de células cada día, vertemos varios kilos de comida y de agua por el inodoro. Además, el organismo necesita más de mil quinientos litros de oxígeno al día para convertir los alimentos que ingiere en dióxido de carbono, agua y calor. Por consiguiente, para mantener ordenada una estructura, tenemos que conseguir que una cantidad de materia cien mil veces mayor pase de un estado especial a uno más general, de un estado más improbable a uno más probable. Cada día que pasamos en la Tierra incrementamos la entropía a nuestro alrededor.

Por otro lado, plantar un manzano tampoco contribuye a mejorar las cosas en ese sentido. El balance será desequilibrado de todos modos debido a los alimentos y el oxígeno que las plantas producen a partir del dióxido de carbono y el agua. Y es que el crecimiento de las hojas y de los frutos tiene un precio. Lo que ocurre es que no percibimos el desorden que provocan las plantas más allá de los procesos que afectan a nuestro cuerpo. En realidad, la fotosíntesis, que permite convertir la luz del sol en masa vegetal y calor, también es un proceso entrópico. Al principio eso puede sorprendernos: ¿por qué el calor es menos ordenado que la luz? Ambas formas de radiación están compuestas por fotones, si bien con disposiciones distintas. Dentro de la misma intensidad, la luz contiene menos fotones de alta energía, mientras que el calor contiene muchos fotones de una energía más baja. Por eso el calor es un estado menos ordenado. La relación que existe entre la luz del sol y la radiación térmica es parecida a la que se establece entre un canto y un rugido: hay pocas posibilidades de que un sonido sea una canción melodiosa, mientras que las posibilidades de crear una cacofonía son incontables.

La luz del sol llega desde el espacio hasta la Tierra, y el calor va en sentido contrario. Si la Tierra no irradiara calor, se habría convertido ya hace tiempo en un planeta desierto. Nuestra vida hace que la entropía en la Tierra crezca, mientras que la vida de las plantas se genera en el sistema solar.

Pero si la luz es más improbable que el calor, ¿por qué existe la luz? Los fotones surgen en el Sol a partir de la fusión de núcleos de hidrógeno y van a parar al espacio, otro proceso irreversible: el Sol también envejece. De hecho, su mera existencia es un verdadero milagro, mucho más asombroso que una barba negra. Si el Sol existe es sólo porque el universo entero se encuentra en un estado altamente improbable. El universo contiene masas gigantescas, y las masas se atraen mutuamente: ¿qué ha evitado, pues, que la materia se desintegrara hace tiempo? ¿Por qué hay una estrella luminosa en el centro de nuestro sistema planetario, y no un agujero negro?

Sólo hay una respuesta posible: porque la materia, mucho antes de la formación del Sol, se encontraba en un estado extremadamente improbable. Surgió y se distribuyó por ese cosmos incipiente de un modo tan uniforme, tan altamente ordenado, que se opuso a la fuerza de la gravedad. Lo revela la radiación de fondo emitida con la formación de los átomos, trescientos mil años después del Big Bang. Puesto que el universo se expande como un globo y todas las masas se alejan entre sí, la materia no quedó acumulada en agujeros negros y eso permitió que surgieran las nebulosas y las galaxias, las estrellas y el Sol, las plantas y las barbas negras.

Se abre bajo nuestros pies un verdadero abismo de improbabilidad. Algo tan asombroso como el hecho de que existamos sólo puede explicarse por unas circunstancias previas todavía más asombrosas. Y cuanto más nos remontemos en el tiempo, más improbables serán esas circunstancias.

Intentando comprender que en una barba negra pueden salir canas, nos hemos remontado hasta el principio del universo. Y ese inicio parece muy distinto de como solemos imaginarlo: el universo actual no surgió a partir de un estado probable, no derivó del caos, sino de un estado increíblemente improbable. El caos habría derivado en agujeros negros. Al principio todo era ordenado.

A primera vista, nos sentimos ajenos a esa cosmología porque no sólo contradice los mitos de la creación de casi todas las culturas, sino que también desmiente lo que percibimos como experiencia. Pero hay que matizar algo: todo lo que nos parece ordenado en el universo (las galaxias, las estrellas y los planetas, la vida misma) ha sufrido un desarrollo a lo largo de la historia, en un proceso que empezó hace miles de millones de años. Sin embargo, todo eso que hoy en día percibimos como ordenado no es más que el débil reflejo de una regularidad mucho mayor que debió de haber existido al principio de todo. Y es que las estructuras que nos hacen pensar que el mundo se rige por un determinado orden jamás podrían haber llegado a existir sin un orden superior previo. Se formaron sólo a cambio de que en algún otro lugar aumentara el caos. El balance revela que la entropía crece con el tiempo, y que el conjunto del cosmos se desarrolló a partir de un inicio de lo más improbable y se dirige a un estado más probable y, por tanto, menos ordenado.

El matemático de Oxford Roger Penrose calculó hasta qué punto era improbable la existencia de un cosmos como el nuestro. Llegó al resultado inconcebible de que había una posibilidad entre $10^{10^{123}}$. La cifra es tan extremadamente minúscula que necesitaríamos una hoja de papel de varios años luz de longitud y anchura para poder escribir todos los ceros que hay tras la coma con un tamaño de impresión normal. Sólo quien se tomara la molestia de viajar en una nave espacial hasta el otro lado de la hoja podría descubrir una cifra distinta del cero al final. La improbabilidad de que naciera nuestro universo sólo puede compararse con el orden que reinaba al principio.

Pero ¿de dónde procedía ese orden? Nadie se atreve a especular al respecto, incluso los teóricos más intrépidos prefieren guardar silencio. El origen de ese orden al que debemos agradecérselo todo resulta absolutamente inexplicable para nosotros. Sin embargo, mi barba me ha remitido a ese secreto primigenio, y ahora las canas no me parecen tan mal.

9

TRAS EL HORIZONTE

La noche es oscura porque el mundo tuvo un inicio. Desde entonces, el universo se expande. El espacio es mayor de lo que podemos imaginar. Reflexiones sobre el asombro.

¿Por qué es oscura la noche? Cuando una de mis hijas me hizo esa pregunta a la hora de acostarse, le contesté como si mi respuesta fuera evidente:

—Porque no brilla el Sol.

No obstante, esa explicación no la dejó satisfecha, y replicó que las estrellas emiten luz de todos modos.

—Las estrellas están muy lejos —respondí yo—. Por eso su luz es tan débil.

—Pero hay muchísimas —dijo.

—Pero el universo es muy grande.

—Y lleno de estrellas, ¿no?

—Sí.

—Entonces el cielo debería brillar también por la noche.

—Vamos, a dormir —le dije con una sonrisa, pensando que una niña de siete años todavía no puede llegar a imaginar las dimensiones del universo.

Sin embargo, en realidad era yo quien se estaba engañando. La pregunta que me hizo mi hija tiene angustiados a los astrónomos desde hace siglos. El motivo por el que de noche reina la oscuridad ya supuso un enigma para Johannes Kepler, que desde la corte de Praga fue el primero en calcular las órbitas planetarias. Kepler se dio cuenta de que, en un universo infinito, atestado de estrellas distribuidas de un modo uniforme desde tiempos inmemoriales, no tenía por qué haber oscuridad, y es que da igual hacia dónde mires, siempre habrá alguna estrella brillando. El motivo que explica esa oscuridad es el mismo por el que no se puede ver a través de un bosque: aunque haya espacio entre árbol y árbol, cuanto mayor sea el bosque, más árboles obstaculizarán el campo visual. Y ocurre exactamente lo mismo con las estrellas en el cielo cuando intentamos fijarnos en la profundidad del universo. Al fin y al cabo, en un espacio de una profundidad interminable, el cielo entero estaría cubierto de estrellas, y un cielo como ése debería brillar tanto como el Sol.

Por consiguiente, la noche nos revela que el cosmos que vemos debe de ser finito. O bien tiene unas dimensiones limitadas, o una edad limitada o las dos cosas a la vez. Es posible que nos cueste asumir tanto una idea como la otra, porque si el universo termina en alguna parte, ¿qué hay más allá de ese límite? Y si empezó en algún momento, ¿qué sucedía antes de su inicio? Un universo finito parece una idea contradictoria en sí misma, una paradoja. Por supuesto, la idea opuesta no nos causaría menos quebraderos de cabeza. También la infinidad supera nuestra capacidad de comprensión. De un modo u otro, es evidente que comprender la realidad no es tarea fácil.

Cuando somos conscientes de esa incapacidad, nos quedamos asombrados. Nos sentimos superados por una realidad que demuestra ser muy distinta de la que habíamos imaginado, o de la que somos capaces de imaginar. Aunque no comprendamos esa realidad, nos sentimos ligados a ella de un modo incomprensible, y es que ese asombro es algo más que un sentimiento místico, porque, al fin y al cabo, tiene su origen en nuestra capacidad de raciocinio. Nos sorprende descubrir una relación inesperada. Nos sorprende encontrar la respuesta a una pregunta y que esa respuesta, a su vez, abra diez nuevos interrogantes. Y esa sorpresa es la que nos permite pasar de la ignorancia a una comprensión más profunda: el mundo se abre ante nosotros. No en vano, en ninguna parte podemos observar con más frecuencia esa expresión que en las caras de los niños.

Albert Einstein valoraba estos momentos de asombro más que cualquier otra cosa en el mundo. «La cosa más bella que podemos experimentar es lo misterioso. Es la fuente de todo arte y ciencia verdaderos. Quien no lo conozca, quien no se asombre ni sea capaz de ello, en cierto modo estará muerto o, como mínimo, ciego.» Así se expresó el gran físico en el año 1932. Pronunció esa frase en un discurso grabado en disco al que llamó «Mi credo».

Esa experiencia de enfrentarse a algo inconcebible es cada vez menos frecuente. La mayoría de nuestros contemporáneos consideran que el mundo ha perdido su misterio. Si no saben la respuesta a una pregunta, confían ciegamente en que algún experto sabrá responderla. Es comprensible que así sea. Cada día nos enteramos de algún hallazgo revolucionario en una u otra área de investigación. El contacto que tenemos con las maravillas de la técnica contribuye a que asumamos que la humanidad ha comprendido cómo funciona la naturaleza. Vuelos espaciales, medicina con soporte técnico, ordenadores cada vez más rápidos que ya caben en el bolsillo de los pantalones..., todo cuanto nos propongamos parece posible. (Aunque de vez en cuando un resfriado nos recuerda que nuestro poder sobre la naturaleza también tiene sus límites.)

Las preguntas aparentemente simples, como las que plantean los niños o las que permitieron que Albert Einstein llegara a tan profundas conclusiones, preferimos evitarlas a toda costa: ¿por qué son oscuras las noches?, ¿cómo surgió el mundo?, ¿qué es el tiempo? Respondemos a nuestros hijos sin poner mucho empeño: «porque el Sol está iluminando el otro lado del globo terráqueo», «con el Big Bang» o «esto que ves en el reloj». Esa superficialidad nos priva de la experiencia desacomplejada que nos describía Einstein: la de dejarse sorprender por el mundo en el que vivimos, y la de alegrarnos de descubrir en él relaciones que ni siquiera sospechábamos.

La sorpresa nos induce a buscar relaciones ocultas que nos descubran sorpresas todavía mayores. Si, por ejemplo, observamos el cielo nocturno a simple vista, podremos apreciar el rastro que dejó el Big Bang. Y si reflexionamos sobre ello, sin duda se nos ocurrirán preguntas como si el universo puede ser finito o si tiene que ser infinito. «El silencio eterno del espacio infinito me provoca escalofríos», escribió Pascal, el filósofo y matemático francés, en el siglo XVII. Sin duda, se le debió de ocurrir la frase después de experimentar esa sensación de sorpresa, aunque Pascal ni siquiera sospechaba todavía nada parecido al Big Bang. Pero ¿tenía razón? ¿Realmente el universo es infinito?

Hoy en día sabemos que el cielo nocturno es oscuro porque el cosmos no siempre ha estado ahí. El número de estrellas que vemos es finito. Para que el cielo quedara completamente iluminado sería necesario que llegara hasta nosotros la luz de un número infinito de estrellas. Lo que tampoco sabemos es si el número de estrellas que existen es infinito. Aunque lo fuera, tampoco podríamos verlas todas, porque el universo no ha existido siempre: la radiación de los cuerpos celestes más remotos todavía no ha tenido tiempo de llegar hasta la Tierra. Según los datos más recientes, el Big Bang tuvo lugar hace trece mil ochocientos millones de años, por lo que en el cielo nocturno sólo podemos apreciar el brillo de las estrellas cuya luz ha tenido tiempo de llegar hasta nosotros en ese período. El número de esos cuerpos celestes es finito, por lo que seguimos viendo el firmamento de color negro. Sobre esa relación entre la velocidad de la luz, la oscuridad de la noche y el principio del mundo, Pascal todavía no sospechaba absolutamente nada.

Con un telescopio potente se puede apreciar otro indicio claro acerca del inicio del universo: las estrellas lejanas brillan de color rojo. Su color demuestra que se alejan de nosotros, porque el universo se expande. El astrónomo estadounidense Edwin Hubble descubrió en 1929 este fenómeno, que se explica por el hecho de que la luz sea una onda. Si el espacio en el que se propaga la luz se expande, se estirará también todo lo que contiene, incluida la longitud de onda de la luz. Así es como se modifica su color, porque cada longitud de onda corresponde a un color y la expansión produce una variación. Las ondas cortas las vemos azules, mientras que las más largas las vemos rojas.

Cuanto más alejadas estén las estrellas que contemplamos, más tenderá su luz hacia el rojo. O, lo que es lo mismo, más se habrá expandido el espacio que nos separa de la estrella en cuestión. Ese efecto se manifiesta con independencia de la dirección en la que miremos. Por tanto, todas las estrellas se alejan de nosotros, lo que nos lleva a la conclusión de que el universo entero se está expandiendo. En los límites del universo visible, las estrellas se alejan a siete mil millones de kilómetros por hora, una velocidad inconcebible.

Si se pudiera rebobinar la historia del universo como si fuera una película, veríamos el movimiento en sentido contrario: los cuerpos celestes se acercarían los unos a los otros cada vez más. Llegaría un momento en el pasado en el que absolutamente todo lo que podemos percibir hoy en día quedaría concentrado en un punto. Ese momento es el Big Bang. El hecho de que todas las estrellas se alejen demuestra que, efectivamente, hubo un momento en el que empezó todo.

Mucha gente se imagina el universo durante el Big Bang como una bola de fuego. La historia de la creación podría resumirse diciendo que algo explotó con una vehemencia inimaginable y desde entonces el cosmos se expande impulsado por la potencia de esa explosión inicial. Por consiguiente, nos encontramos en el interior de una pelota que no para de hincharse y de crecer.

Pero ¿realmente es así? Si la analogía de la pelota en expansión fuera acertada, existiría un límite, la envoltura de la pelota, y eso es imposible. Porque entonces tendría que existir un afuera, y el universo no lo abarcaría todo.

Un universo con límites externos ni siquiera es concebible. ¿Significa eso que vivimos en un cosmos infinito? No necesariamente. Hay otra posibilidad de evitar la idea de un universo del que se pueda caer: que el universo esté doblado sobre sí mismo.

La idea de un espacio elástico, capaz de doblarse como si fuera de goma, la aportó Einstein en su teoría de la relatividad general. Las masas pesadas deforman su entorno como lo haría una piedra con una membrana de goma tensada. Así es como las masas desvían la luz, tal como hemos descrito en el séptimo capítulo, y dan lugar a imágenes fantasma en el cielo. Pero el espacio podría no estar doblado sólo cerca de una estrella o de una galaxia, sino en toda su dimensión, del mismo modo que para deformar un bloque de goma sólo habría que estirarlo con la fuerza suficiente.

¿Qué aspecto podría tener un espacio deformado como ése? Imaginemos una hormiga recorriendo la superficie externa de una pelota. Su mundo es la superficie de la pelota, por consiguiente, la hormiga no se mueve en tres dimensiones, sino en dos. Sin embargo, la superficie sobre la que corretea está curvada. La hormiga cree estar corriendo hacia delante, pero en realidad cambia de dirección continuamente sin darse cuenta. Por tanto, la hormiga puede caminar eternamente por la pelota sin llegar a encontrar ningún límite. La superficie es ilimitada y, al mismo tiempo, infinita. Si el insecto sigue avanzando en línea recta, simplemente volverá a pasar por el punto inicial, igual que el oso y el tigre del álbum infantil de Janosch, en el que van a Panamá y acaban de nuevo frente a su vieja casa sin darse cuenta. ¿Y si se trata de un animal especialmente inteligente?, podríamos preguntarnos. En cualquier caso, no se daría cuenta de qué forma tiene realmente la superficie sobre la que camina. Su intelecto sólo está preparado para una vida en dos dimensiones.

Lo que sí sería posible es que viviéramos en un espacio tridimensional curvado sin que nos diéramos cuenta, puesto que esa curvatura no la notaríamos en nuestra vida cotidiana. Superaría nuestra capacidad de comprensión, del mismo modo que el insecto no es capaz de imaginar la verdadera forma del lugar en el que vive.

Haber llegado a ese punto y que no tengamos que abandonar la exploración del mundo puede considerarse uno de los mayores triunfos de la humanidad. Aunque hay que admitir que únicamente identificamos una parte minúscula de la realidad, como escribió Albert Einstein en una ocasión: «La naturaleza sólo nos muestra la cola del león, pero no tengo la menor duda de que se trata de un león, aunque, a causa de su gran tamaño, no se pueda mostrar por completo. Sólo podemos verlo como si fuéramos un piojo sentado sobre él».

No obstante, a diferencia de los insectos, nosotros somos conscientes de lo limitada que es nuestra perspectiva. Y disponemos, además, de un lenguaje especial que nos permite describir conceptos que superan nuestra experiencia: la matemática. Con este lenguaje podemos expresar sin problemas la curvatura de un espacio tridimensional, y las mediciones pueden verificar lo que pronostican las fórmulas matemáticas.

No fue hasta los inicios de este siglo cuando por fin pudimos medir la curvatura del universo. Fue todo un desafío, ya que cuanto mayor sea algo, más costará reconocer su forma. Sin ir más lejos, normalmente no nos damos cuenta de que la Tierra tiene forma esférica. Con un radio de más de seis mil kilómetros, su curvatura es insignificante, y las irregularidades del terreno no permiten apreciarla en el horizonte. Hay que alejarse mucho del planeta para poder comprobar que su superficie es, en efecto, curvada. Sólo se darán cuenta de que la Tierra no es plana quienes contemplen el horizonte del océano y se fijen en que el mástil es lo primero que divisan de un barco acercándose por el horizonte, o quien tenga la oportunidad de volar hasta la estratosfera a bordo de un avión supersónico.

Las dimensiones del espacio exigen una visión mucho más amplia. Sin tecnología, la forma del universo seguiría siendo un enigma. En el año 2001, sin embargo, Estados Unidos lanzó el telescopio espacial WMAP, y ocho años más tarde Europa mandó al espacio una versión mejorada, la sonda espacial *Planck*. Esas dos sondas midieron la radiación de fondo que nos hace llegar los primeros destellos que iluminaron el universo tras el Big Bang, hace trece mil ochocientos millones de años. No puede haber ninguna radiación anterior, esa distancia es nuestro horizonte más lejano, el límite del universo que podemos llegar a ver. Los dos telescopios espaciales captaron las imágenes más lejanas que pueden llegar a percibirse desde nuestro sistema solar.

Las sondas estaban concebidas, por decirlo de alguna manera, para que pudieran avistar el barco apareciendo por el horizonte; es decir, que estaban preparadas para detectar la curvatura del universo. Aun así, la primera misión terminó sin resultados: los datos del telescopio estadounidense no permitían reconocer ni el más mínimo rastro de curvatura. ¿Acaso la sonda no era lo suficientemente precisa? Todas las esperanzas se volcaron en el siguiente telescopio espacial. Con los instrumentos de medición europeos, de una resolución inigualable, esperaban obtener resultados distintos. Pero la sonda *Planck* también registró una «curvatura cero». El universo se nos muestra plano, tan plano como una caja de cerillas.

Pero un universo plano sólo puede ser infinito. De lo contrario, tendría bordes por los que podrían caer cosas. Así pues, ¿vivimos en una caja de cerillas infinita? En realidad, eso sería la explicación más sencilla para los hallazgos obtenidos con las dos sondas espaciales, pero tampoco podemos estar seguros de ello. Porque una de las paradojas más asombrosas de la cosmología moderna consiste en que podamos saber con un margen de error de pocos millones de años cuándo fue el inicio del universo y, sin embargo, no podamos descubrir cuál es su tamaño. Sus dimensiones siguen siendo un misterio. Los datos de la sonda *Planck*, publicados en 2013, sólo revelan el tamaño mínimo del cosmos.

Porque sólo nos llega la luz de las regiones más cercanas del universo, la radiación que desde el Big Bang ha tenido tiempo de alcanzarnos, mientras que no podemos ver la parte que se encuentra más allá de ese límite.

Se podría pensar que los datos que revelan un universo plano son el resultado de un error de medición. También es posible que la curvatura sea tan extremadamente leve que la sonda *Planck* no pudiera detectar ni la más mínima deformación. En ese caso, podríamos aferrarnos a la idea de un universo finito que no tuviera límites debido a su curvatura. Puesto que la sonda *Planck* tiene una precisión máxima, la única posibilidad sería que la curvatura fuera extremadamente reducida. Y con el cosmos ocurre lo mismo que con el globo terráqueo: cuanto menor sea la curvatura, mayor será el diámetro. Un universo cuya curvatura escape a la tecnología de medición actual debe tener unas dimensiones realmente tan impresionantes que podríamos considerarlo infinito.

Otra solución intelectual para salvar ese universo finito pero ilimitado consistiría en una geometría complicada. En un cosmos como ése, sería como si las dos bocas de la caja de cerillas estuvieran conectadas, de manera que resultaría imposible salir de ella. De hecho, en matemáticas superiores se permiten estructuras planas y, a la vez, finitas. La forma más simple en este sentido se denomina *hipertoro*, y correspondería a la superficie tridimensional de una cámara de aire de bicicleta montada sobre una rueda de cuatro dimensiones; una imagen ante la que se rendiría incluso la capacidad imaginativa de Albert Einstein. Otros espacios posibles son mucho más complicados, retorcidos, enlazados y entretejidos sobre sí mismos. Vivir en un universo semejante estaría en contradicción con nuestro anhelo por descubrir una realidad abarcable, tal vez elegante, incluso. Y, tal como sugieren las mediciones de la sonda *Planck*, ese cosmos tan exótico sería, además, muy grande.

Las estimaciones más prudentes valoran que tras el horizonte de nuestro universo visible se oculta un espacio por lo menos doscientas cincuenta veces mayor. Sin embargo, la mayoría de los cosmólogos creen más bien que las dimensiones son otras. Un análisis menos conservador de los datos

obtenidos con el telescopio espacial estadounidense WMAP concluye que esa parte que no vemos
tendría un volumen sesenta mil millones de veces
mayor. Joseph Silk, astrofísico de la Universidad de
Oxford y uno de los pioneros de la investigación
de la radiación de fondo, va todavía más lejos y afirma que el cosmos podría ser un gúgol de veces mayor, es decir, 10^{100} veces mayor que la parte del universo que alcanzamos a ver gracias a que su luz
llega hasta nosotros.

Si el universo fuera un océano, sería como si lo
que vemos no llegara a ser ni una gota de agua. Así
de estrechos son los límites del conocimiento en un
universo ilimitado. El cielo nocturno plagado de
estrellas parece inconmensurable, y sin embargo es
diminuto comparado con lo que hay más allá, en
ese cosmos inaccesible para nosotros, del que no
nos llega información ni nos llegará jamás. Pascal
tenía razón cuando hablaba del «silencio eterno»
de los espacios gigantescos.

El universo que podemos observar tiene un radio
de cuarenta y seis mil millones de años luz. Eso corresponde a la distancia que ha podido recorrer la
luz desde el Big Bang, hace trece mil ochocientos
millones de años. Esa distancia es mayor que trece mil ochocientos millones de años luz porque
desde entonces el universo se ha expandido. La
parte más alejada no podemos verla ni alcanzar-

la, porque la luz de las regiones que quedan tras el horizonte todavía está viajando para llegar hasta nosotros. Y, puesto que el cosmos no para de expandirse, seguirá siendo invisible para nuestros descendientes.

Supongamos que en todo el cosmos reinan las mismas leyes naturales. ¿Por qué no debería ser así? Las mediciones de los astrofísicos no aportan ni el más mínimo indicio de que, al alejarse cada vez más de la Tierra, algo pueda cambiar de un modo fundamental. Nuestro planeta no es un lugar especial del cosmos. Así pues, podemos formular una hipótesis bien fundada acerca del universo que queda más allá del horizonte: básicamente, se parecerá al nuestro, con galaxias, estrellas y planetas.

Cuanto mayor sea el espacio, más cuerpos celestes habrá en él, y también más planetas parecidos a la Tierra. Sólo hay que pensar en un simple juego de dados para darse cuenta del porqué: cuanto más rato pasemos jugando, más probable será que salgan determinados números. Puede ocurrir que después de haber tirado diez veces no haya salido ningún seis, pero no es muy habitual. La probabilidad de que en una serie de diez tiradas salga un seis en algún momento es del 84 %. Las perspectivas mejoran después de veinte tiradas y pasan a ser de un 98 %. Si seguimos jugando, las probabilidades de que salga un seis se acercan cada vez más al 100 %: al cabo de cincuenta tiradas, la probabilidad asciende a un 99,99 %, y al cabo de cien tiradas, a un 99,9999999 %. Por consiguiente, es casi seguro que el seis acabará saliendo como mínimo en una ocasión después de tirar el dado cien veces.

El espacio se comporta exactamente igual: cuanto mayor sea, más probabilidades habrá de que en alguna parte sucedan ciertas cosas. ¿Hasta qué punto es creíble que alrededor de una estrella lejana esté girando un planeta en el que se pueda vivir como en la Tierra? El hecho de que aparezca un planeta gemelo como ése en nuestro entorno cósmico es posible, pero también altamente improbable. Las posibilidades de encontrar uno en nuestra galaxia, la Vía Láctea, son algo mayores. En febrero de 2017, por ejemplo, la NASA informó de que en la constelación de Acuario, a unos cuarenta años luz de la Tierra, había encontrado un sistema con siete planetas parecidos al nuestro. Aunque el astro central es una estrella enana de color rojo que brilla con una intensidad mucho menor que la de nuestro Sol, en algunos planetas de ese sistema la vida parece posible. Cuanto mayor sea el número de áreas del espacio por las que extendamos la búsqueda, más probabilidades tendremos de encontrar algo parecido a una segunda Tierra. La probabilidad crece a medida que aumenta el tamaño del espacio de búsqueda de acuerdo con una ley exponencial, del mismo modo que después de muchas tiradas es inevitable que tarde o temprano salga un seis.

Hay muchas opciones para seguir jugando. Quien no sólo espere que salga un seis, sino que salga dos veces seguidas, deberá tener más paciencia. Pero ese objetivo también puede cumplirse. Después de tirar ciento setenta veces, el porcentaje de probabilidad de que salga un seis dos veces seguidas es de un 98 %, y para que este porcentaje suba hasta el 99,9999 % sería necesario tirar el dado quinientas veces, mientras que el 99,999999 % se consigue con setecientas tiradas. Así pues, podríamos exigir que ese planeta gemelo nos ofrezca algo más que unas condiciones de vida parecidas a las de la Tierra. Podríamos pedir que más de dos tercios de la superficie de ese segundo mundo estuvieran cubiertos de agua, incluso que también tenga exactamente catorce montañas de más de ocho mil metros de altura. Aunque no encontráramos ni un solo doble perfecto de la Tierra en el universo visible, el resto del cosmos es muchísimo mayor, y teniendo en cuenta que se expande, las posibilidades de encontrar una coincidencia crecen todavía más.

En el siglo XVI, el monje dominico y filósofo natural Giordano Bruno ya se dio cuenta de que en un universo infinitamente grande deben de haber surgido infinitos casos de vida inteligente, aunque tuvo que pagar con la vida el precio de esas reflexiones. La Inquisición lo declaró culpable de herejía y lo condenó a morir calcinado en público. Se dice que, cuando llevaron a Bruno a la plaza romana de Campo dei Fiori, el 17 de febrero de 1600, los esbirros ya le habían apresado la lengua con una brida de madera. De ese modo quisieron evitar que el visionario pudiera dirigirse a los espectadores desde la pira. Sin duda, el Vaticano consideraba que ese monje convertido en filósofo de la naturaleza era un hombre extremadamente peligroso. La Iglesia estuvo persiguiendo a Bruno durante casi dos décadas antes de apresarlo en Venecia, y el reo mantuvo hasta el final que sus teorías eran ciertas. Se sabe con certeza cómo respondió a la sentencia de los jueces: «El temor con el que anunciáis esta sentencia tal vez es mayor que el que yo pueda sentir recibiéndola». Hasta el año 1965, las obras de Bruno figuraron en el Índice de libros prohibidos por la Iglesia.

El Vaticano tenía motivos para temer a Bruno, sobre todo teniendo en cuenta su argumentación teológica, según la cual un dios infinito e incognoscible sólo podría haber creado un universo infinito e incognoscible. No era para menos, y es que la idea de que existieran infinitos soles, infinitos planetas e infinitas vidas no encajaba con la doctrina de una Iglesia que afirmaba que la historia sagrada era única.

Si sellar los labios de un pensador inconformista ya es en sí mismo un gesto repugnante, los métodos que utilizó la Inquisición para ello revelan la gran inquietud que despertaron sus tesis en la Iglesia. Al fin y al cabo, la idea de que el universo pudiera ser infinito sigue siendo perturbadora hoy en día, y es que aceptar que el cosmos es infinitamente grande y uniforme no sólo habría echado por tierra el carácter único de la humanidad y de su historia, sino que habría excluido absolutamente la posibilidad de que esa unicidad pudiera existir.

En un cosmos como ése, por fuerza la vida se encuentra no sólo en un número infinito de mundos, sino que seguramente hay unos cuantos planetas en los que encontraríamos un país de latitud nórdica donde las lluvias son frecuentes y sus habitantes están orgullosos de su cerveza y de sus coches. En un universo infinito es posible que haya infinitos planetas de este tipo. Y en cada uno de esos cuerpos celestes no sólo tienen liga de fútbol, pizza y Coca-Cola, sino también un doble de Manuel Neuer y copias de todas las personas que viven en la Tierra. Con toda seguridad, cada uno de nosotros tiene un número infinito de dobles en el universo.

En el cosmos infinito sucede todo lo que permiten las leyes naturales. En un planeta, todos los crímenes resueltos por Sherlock Holmes ya han sucedido antes, y en otro viven *hobbits*. Hay cuerpos celestes en los que la vida inteligente ha prosperado a partir del silicio, y tal vez incluso tienen una conciencia procedente de galaxias enteras.

No podemos saber si realmente vivimos en una realidad semejante, pero todo parece indicar que sí. Sin duda habitamos en un universo de formidables dimensiones del que sólo llegamos a ver una parte insignificante, más allá de la cual se hallan espacios inaccesibles. La posibilidad de que esos espacios sean infinitos no es una especulación fantasiosa, todo lo contrario: un cosmos que se extiende sin cesar en todas direcciones sería la solución más simple al enigma que se nos presenta cuando contemplamos la oscuridad del cielo nocturno. En el capítulo siguiente veremos por qué.

Por supuesto, resulta desconcertante imaginar que cada persona podría existir infinitamente. Esa persona que se encuentra en un planeta a billones de años luz de distancia y se está tomando un té verde mientras termina de leer el penúltimo capítulo de un libro acerca del universo... ¿soy yo? Incluso podría sentir el mismo desasosiego que me invade a mí ahora. La ciencia siempre ha propuesto ideas que la gente ha recibido primero con recelo y que posteriormente ha terminado aceptando. Sería muy posible que a mis descendientes les pareciera inconcebible vivir sin conocer a sus dobles, hasta el punto de preguntarse cómo podíamos soportar la soledad de considerarnos únicos.

10

POR QUÉ EXISTIMOS

En cada uno de nosotros se confirma una característica sorprendente del universo: la vida inteligente no sólo es posible, sino que incluso es probable. ¿Alguien es capaz de afirmar que nuestra existencia no tiene sentido?

Una larga concatenación de acontecimientos extraordinarios culminó con mi nacimiento, aunque la secuencia empezó mucho antes de que mis padres intercambiaran la primera mirada. Resulta más que sorprendente que hubiera una mujer para traerme al mundo. En cualquier caso, fue gracias a un meteorito gigantesco que, al impactar contra nuestro planeta, levantó tanto polvo y cenizas que el Sol quedó oscurecido durante meses. Tres cuartas partes de las especies animales que vivían en la Tierra desaparecieron para siempre. Si hace sesenta y cinco millones de años ese meteorito hubiera entrado en el campo gravitatorio del Sol en un ángulo mínimamente distinto y no hubiera llegado a chocar contra la Tierra, ¿todavía sería un planeta habitado por saurios? El caso es que, cayendo en el golfo de México, dejó espacio para unos seres insignificantes de costumbres nocturnas que gestaban a sus crías en el seno materno: nuestros antepasados.

La Luna también contribuyó a mi aparición. Con su gravitación, estabilizó el eje de rotación de nuestro planeta en el espacio. De lo contrario, la Tierra iría dando bandazos. Sin la Luna no habría estaciones regulares durante el año, porque el clima sería caótico, y seguramente las plantas y los animales no habrían evolucionado jamás. ¿La vida tal como la conocemos habría tenido alguna oportunidad? Probablemente, no. Se ha demostrado que los primeros organismos unicelulares evolucionaron en las pozas de marea de los océanos, donde quedaron sometidos al calor del sol y al agua alternativamente. Sin la Luna no habría mareas, y sin mareas no habría personas. ¿Y de dónde salió la Luna? Es fantástico que nuestro pequeño planeta tenga un acompañante como ella. Sólo con su propia gravitación, la Tierra jamás podría haber capturado a la Luna, una violenta colisión contra el satélite habría sido más probable. Poco después de su formación, hace cuatro mil quinientos millones de años, la Tierra chocó contra un protoplaneta llamado Tea, que podría haber sido tan grande como Marte. A partir de los escombros que se desprendieron con el impacto, se formó la Luna. Por supuesto, un encuentro semejante en la inmensidad del sistema planetario era altamente improbable, pero todavía lo era más que la colisión se produjera de tal modo que un fragmento del tamaño de la Luna se desprendiera y quedara flotando por el espacio. Sin embargo, es evidente que eso es precisamente lo que sucedió.

La sucesión de acontecimientos extraordinarios que permitieron mi nacimiento podría llenar páginas y páginas, y deberían incluir la disposición de los planetas vecinos en el sistema solar, la formación del potente campo magnético de nuestro planeta y el desplazamiento de las placas tectónicas. Y cómo surgió vida a partir de materia inerte: grandes moléculas tuvieron que formar células y agruparse para poder reproducirse. La probabilidad de que todo ello sucediera por sí solo podría compararse con la probabilidad de que un huracán pasara por un depósito de chatarra y con las piezas sueltas que fuera recogiendo del suelo acabara formando un avión de reacción, como apuntó el astrofísico inglés Fred Hoyle en una ocasión.

Cada uno de esos sucesos ya resulta sorprendente por sí mismo, pero mi existencia no se debe a uno solo, sino a la larga sucesión de acontecimientos extraordinarios que tuvieron lugar desde el nacimiento de la Luna a partir de una colisión hasta la oportuna extinción de los dinosaurios. De lo contrario, la humanidad no habría llegado a poblar jamás la Tierra. Cuando revisamos la secuencia de los acontecimientos que tuvieron lugar en nuestro planeta desde su formación a partir de una nube de polvo intergaláctico hasta nuestra aparición, difícilmente podremos imaginar que todo ello haya sucedido por sí solo. Es inevitable preguntarse si no obedeció a las indicaciones de un director.

Nos cuesta imaginar que la vida pueda haber surgido de forma aislada en nuestro planeta, tal vez por lo estremecedor que resulta pensar de ese modo. Y es que, de ser así, nuestra existencia sería una mera curiosidad, fruto del azar: un mínimo bullicio en un punto azul del espacio, interesante pero absurdo, y probablemente también efímero. ¿Fue sólo un capricho del universo el hecho de que, al borde de la Vía Láctea y en una única ocasión puntual, la materia inerte cobrara vida?

Esa visión de la vida es la que los principales científicos han defendido hasta hace poco. En representación de muchos colegas y con notable elocuencia, fue la explicación que dio el biólogo molecular francés y premio Nobel de Medicina Jacques Monod cuando describió la aparición de vida en la Tierra como una casualidad increíble. A partir de ahí dedujo de un modo algo patético que el ser humano está solo «en la inconmensurabilidad del universo del que surgió inesperadamente». Porque el cosmos no estaba preñado de vida.

La obra de Monod *El azar y la necesidad* apareció en 1970 y enseguida se convirtió en un superventas. En casi cada línea del libro queda patente el desconcierto que despierta la complejidad de los organismos, incluso los más simples. Monod se asombró al constatar los secretos que encerraba el interior de las células, siendo uno de los primeros científicos que se adentró en ese campo. Es comprensible que ese asombro diera lugar a la convicción de que la vida era un producto aislado del azar.

Sin embargo, pese a reconocer la complejidad de los organismos vivos, Monod subestimó la del universo. Por aquel entonces, los astrónomos no tenían ni idea de cuál era el verdadero tamaño del cosmos. La mayoría de ellos sospechaban que vivimos en un espacio finito de unos cuantos millones de años luz de diámetro. Sólo conocían la existencia de un único sistema solar, el nuestro. La teoría de Giordano Bruno acerca de un universo infinito con un número igualmente infinito de planetas no pasaba de ser la descarada especulación de un hereje en una época precientífica. En pocas palabras, se consideraba que el universo era mucho más pequeño de lo que es en realidad.

En un cosmos reducido, de hecho, la vida sería prácticamente inexplicable. Si sólo hubiera un planeta capaz de albergar vida, las probabilidades habrían sido casi nulas. Por eso Monod interpretó nuestra existencia como el fruto de un accidente.

Hoy en día sabemos que nos rodea un universo de enormes dimensiones. Desde que el telescopio espacial Kepler empezó a explorar el mundo en el año 2009, cada día se descubren nuevos sistemas planetarios en la Vía Láctea, y muchos contienen planetas parecidos a la Tierra. Una aproximación prudente llegó a estimar que, sólo en nuestra galaxia, hay unos cien mil millones de planetas orbitando alrededor de estrellas. Puesto que nuestro universo visible abarca más de cien mil millones de galaxias, se alcanza la increíble suma de 10^{22}, diez mil trillones de planetas. Y éstos son sólo los cuerpos celestes de una parte minúscula del universo: la que podemos ver. En la parte del cosmos que nos queda oculta todavía debe de haber muchísimos planetas más.

Esas cifras lo cambian todo. Porque, aunque la probabilidad de que surja vida en un determinado planeta sea muy reducida, también hay que tener en cuenta que, cuantos más planetas haya, más posible será que se cumpla esa circunstancia en algún lugar. Incluso lo más improbable puede terminar sucediendo si el azar se pone a prueba las veces necesarias. Así lo estipula la ley de los grandes números.

Monod sólo sopesó las perspectivas de encontrar vida inteligente en un único planeta, la Tierra; a partir de ahí concluyó que una forma de vida semejante sería improbable en todo el cosmos. Pero, más aún que la probabilidad de que pueda ocurrir una determinada circunstancia, lo que cuenta es el número de ocasiones. Sería realmente asombroso que yo acertara los seis números de la lotería, pero si consideramos esa probabilidad a partir de los varios millones de personas que participan en el sorteo, lo sorprendente sería que nadie acertara la combinación ganadora. Y si participan miles de millones de boletos, sería muy sorprendente que entre ellos no hubiera miles de boletos ganadores. A Monod le pasó por alto el hecho de que la repetición pueda llegar a compensar lo reducida que pueda ser una probabilidad. Con diez mil trillones de planetas sólo en el universo visible, sería necesaria la ayuda del diablo para que no hubiera surgido vida inteligente al menos en uno de ellos.

Los astrofísicos estadounidenses Adam Frank y Woodruff Sullivan han calculado el significado de la *ayuda del diablo* en ese contexto. Más o menos, una de cada cinco estrellas parecidas al Sol que hay en el cosmos tiene uno o más planetas que se encuentran en la llamada zona de habitabilidad, en los que podría haber agua líquida. Por supuesto, la Tierra es uno de esos planetas. La fórmula de Frank y Sullivan combina la probabilidad de que surja vida inteligente en un planeta de la zona de habitabilidad con la probabilidad de que surja vida inteligente en el cosmos. El resultado: teniendo en cuenta que la probabilidad de que surja vida inteligente en planetas de la zona habitable es superior a 10^{-24}, una entre un cuatrillón, es de esperar que realmente exista.

Es un umbral extraordinariamente bajo. Hay que tener en cuenta la rapidez con la que se puso en marcha la vida sobre el planeta Tierra. Más de quinientos millones de años después de su nacimiento a partir de una nube de polvo interestelar, la actividad de los volcanes y de los meteoritos remitió hasta el punto de permitir que surgiera vida sobre la Tierra, y, efectivamente, surgió. Los fósiles de organismos unicelulares más antiguos que se conocen se remontan precisamente a esa época. Ese inicio vertiginoso hace pensar que la probabilidad de que aparezca vida bajo determinadas condiciones no es ni mucho menos baja. En cualquier caso, seguro que es mucho mayor que 10^{-24}.

Lo que no sabemos es qué probabilidad hay de que surja vida inteligente a partir de microbios, pero seguramente es muy baja, aunque en cualquier caso tampoco debe de ser ínfima. Lo revelan resultados recientes en los campos de la etología y la neurobiología. Y es que ya en criaturas supuestamente primitivas como los calamares se han observado indicios de inteligencia. Los calamares gigantes se ponen de acuerdo para modificar el color de su piel y para cazar, mientras que los pulpos pueden aprender a abrir cierres de rosca con los tentáculos. Las abejas, a pesar de tener un cerebro minúsculo, recurren a la memoria y a un lenguaje simbólico que conocemos como la *danza de la abeja* para comunicar a sus congéneres dónde pueden encontrar néctar. Las cornejas, descendientes directos de los dinosaurios, utilizan herramientas, se reconocen frente a un espejo y aprenden a contar. Por consiguiente, parece plausible que en la Tierra podría haber existido vida inteligente a pesar de que no hubieran surgido los seres humanos o incluso los mamíferos. En tal caso, es posible que los descendientes más inteligentes de las aves hubieran dominado la Tierra, y los cefalópodos altamente desarrollados, los océanos.

La probabilidad de que pueda imponerse vida inteligente en nuestro planeta debería estar, según Frank y Sullivan, muy por encima del valor umbral de 10^{-24}. Por consiguiente, deduciremos que en el universo han surgido otras formas de vida inteligente. Y, puesto que el cosmos observable presenta unas características homogéneas, no hay motivos para creer que la Tierra sea un caso aislado. Debemos asumir que en otras partes del universo también pueda existir inteligencia: criaturas capaces de reconocer su entorno y de reconocerse a sí mismas, de planificar objetivos y perseguirlos. No estamos solos.

La conclusión es apasionante, pero todavía tenemos que seguir analizando cómo llegamos a ella. Sólo a partir de nuestra propia historia y de la naturaleza del cosmos ya se puede deducir que no somos un accidente cósmico. Nuestra existencia demuestra una de las propiedades más asombrosas del cosmos: que la vida inteligente no sólo es posible, sino que además es probable. ¿Aún queda alguien capaz de afirmar que nuestra existencia no tiene sentido? Sin lugar a dudas, la probabilidad de que apareciéramos en el planeta Tierra, al borde de la Vía Láctea, cerca de la estrella Alfa Centauro, eran mínimas. Pero entre un número incalculable de planetas, en alguno tenía que suceder. Al final resulta que el universo sí está preñado de vida: la nuestra.

¿Cómo es posible que el universo esté organizado para poder crear seres como nosotros? Los creyentes atribuyen el orden del mundo a la actuación de un creador benévolo, y la verdad es que un argumento semejante no admite refutación. Es imposible demostrar la presencia o la ausencia de Dios. Pero, por muy creyente que sea, un científico no puede quedar satisfecho con una respuesta semejante. Investigar implica esforzarse en comprender el mundo a partir de sus causas y sus efectos naturales. Cuando un científico apela a poderes superiores es que ha bajado los brazos.

Albert Einstein, que nunca rehuía la ironía, se planteó si Dios debió de tener alguna alternativa cuando creó el mundo. De hecho, Einstein dedicó sus tres últimas décadas, más de media vida adulta, a intentar responder esa pregunta. «Lo que me interesa de verdad es saber si Dios podría haber creado el mundo de otra forma», explicó alrededor del año 1945 a sus asistentes. Sospechaba que la respuesta tenía que ser «no», y es que Einstein vivió convencido de que no había nada arbitrario en la naturaleza. El mundo le parecía lógico, simple y bello. Todas las leyes que lo regían estaban justificadas y actuaban en consonancia con las demás. Y un dios que merezca serlo no perturbaría un orden semejante con malas intenciones.

¿Qué forma adopta ese orden? ¿Y cómo podemos comprender sus relaciones más profundas? Einstein se dedicó en cuerpo y alma a buscar una teoría definitiva capaz de responder a ese tipo de preguntas. Ese camino lo recorrió absolutamente solo, sus colegas prefirieron centrarse en problemas para los que fuera posible encontrar soluciones.

Para referirnos a ese sueño de Einstein, a menudo utilizamos la expresión *teoría del todo*. El término puede llevar a equívocos, porque una fórmula semejante jamás podría ser adecuada para calcular todo cuanto sucede en el mundo: como ya hemos visto en el capítulo 4, se trata de algo fundamentalmente imposible. La naturaleza ramificada hasta la máxima precisión rehúye cualquier posibilidad de cálculo completo. De hecho, no podemos obtener pronósticos meteorológicos fiables ni siquiera conociendo las ecuaciones a las que responde la meteorología. Sin embargo, una teoría física no es una reproducción fotográfica de la realidad, sino más bien una especie de representación proyectual del mundo. Y nadie espera que en el proyecto de construcción de una casa conste hasta el último clavo de la escalera.

La teoría del todo que tanto ansiaba encontrar Einstein sería como el proyecto de construcción del universo. Nos explicaría cómo se crea la realidad y nos permitiría hacernos una idea de la estructura de ese mundo que permite que existamos. La teoría del todo debería explicar, por ejemplo, el hecho de que el espacio tenga tres dimensiones y no dos ni cuatro, así como aportar información acerca del tamaño y la forma del universo. De ese modo, por fin podríamos hacernos una idea de cuál es nuestro lugar en el cosmos.

Sin embargo, la búsqueda solitaria de Einstein fue infructuosa. Una y otra vez intentó encontrar una forma de explicar la naturaleza, una visión más amplia y completa incluso que la ofrecida por la física convencional. Aun así, acabó refutando todas las ideas que se le ocurrieron. «La mayor parte de mis creaciones intelectuales tienen una corta vida y terminan en el cementerio de las esperanzas frustradas», escribió en una carta del año 1938. Cuando murió, en 1955, no había conseguido avanzar ni un solo paso hacia esa teoría del todo.

El motivo de su fracaso fue que su teoría sólo intentaba reunir dos de las cuatro fuerzas naturales que conocemos hoy en día: el electromagnetismo y la gravitación. Pasó por alto la fuerza fuerte y la fuerza débil, responsables de las uniones en los núcleos atómicos, y es que tendrían que pasar muchos años para que se exploraran a fondo. Sin tener en cuenta esas fuerzas no se puede comprender que la materia adoptara forma y masa, que existan diferentes partículas elementales o que las estrellas brillen. Einstein era, por decirlo de algún modo, un cartógrafo ansioso por dibujar el mapa marítimo del Atlántico pese a conocer sólo las costas europeas.

¿El universo tiene que ser necesariamente tal como es? Con los conocimientos del siglo xx no valía la pena plantearse la posibilidad de resolver ese enigma. Si Dios hubiera tomado una decisión cuando creó el mundo, sería imposible saber cuál fue. Pero incluso en ese caso que nadie se tomó en serio resulta que Einstein, como tantas otras veces, planteó la pregunta correcta.

Durante décadas, el empeño con el que Einstein buscó un orden que lo explicara todo prácticamente se perdió en el olvido, hasta que a los cosmólogos empezaron a extrañarles dos cosas: que el universo fuera, primero, tan grande y, además, tan uniforme.

Miremos donde miremos, en el cielo nocturno veremos siempre lo mismo: las estrellas y las galaxias remotas están distribuidas de un modo tan uniforme que parecen cuidadosamente espolvoreadas por el espacio con un salero gigantesco. No se detectan zonas más claras o más oscuras por ninguna parte. Pero todavía resulta más impresionante la uniformidad de la radiación de fondo. Esos restos de las primeras luces que brillaron tras el Big Bang nos llegan procedentes de todas las direcciones prácticamente con longitudes de onda muy parecidas. El patrón de manchas del mapa celeste revela que las fluctuaciones de la radiación son inferiores a una décima por mil. Es evidente que el universo, por lo que podemos observar, no sólo parece uniforme hoy en día, sino que siempre ha sido así de homogéneo.

La uniformidad del cosmos sugiere que la Tierra no es una excepción del cosmos. En todas partes hay planetas y estrellas orbitando, en todas partes imperan las mismas leyes naturales, y en todas partes se mantienen las mismas condiciones que hubo en el pasado, y tal vez eso sea lo más sorprendente de todo. Es fácil mantener las mismas circunstancias en un entorno cercano, porque los elementos vecinos se conocen e intercambian información. Pero ¿cómo es posible que el cielo estrellado de oriente sepa cómo está el cielo estrellado de occidente?

En el cosmos, las distancias impiden cualquier tipo de intercambio. Si la transferencia de información es imposible no es por motivos prácticos, sino fundamentales. El hecho de que nos llegue la luz de una galaxia que se encuentra a diez mil millones de años luz hacia el este y también la luz de otra galaxia que se encuentra a la misma distancia hacia el oeste significa que entre esas dos galaxias hay una distancia de veinte mil millones de años luz. Sin embargo, teniendo en cuenta que el universo sólo existe desde hace trece mil ochocientos millones de años, la luz no habrá tenido tiempo, desde que existe el universo, de llegar de una galaxia a otra. Dado que nada puede viajar más rápido que la luz, podría excluirse cualquier tipo de intercambio entre esos dos lugares, ahora y siempre. Y, aun así, la radiación que nos llega demuestra que tanto en la galaxia del lado oriental como en la del lado occidental imperan las mismas condiciones. Esta coincidencia es tan sorprendente como si a Colón lo hubieran recibido personas de habla hispana vestidas al estilo europeo la primera vez que desembarcó en el Caribe.

En 1980, cosmólogos de Moscú, por un lado, y de Boston, por el otro, elaboraron sin conocerse una teoría que dio con la solución del problema: todo el universo visible en algún momento fue un vecindario. Todos los lugares que vemos en el cielo nocturno que hoy en día están separados por miles de millones de años luz en algún momento estuvieron reunidos en poco espacio. Así es como fue posible el intercambio y pudieron imponerse unas condiciones iguales para todos. Luego, el vecindario comenzó a disgregarse de repente, durante una fase llamada *inflación*, en la que el universo ganó volumen a una velocidad tremenda justo después de su creación.

Teniendo en cuenta que se trata de una explosión del universo, la denominación se queda más que corta. Una explosión puede fotografiarse con una cámara de alta velocidad y tiene lugar en un centro, a partir del que todo sale volando. Los fragmentos que se desprenden y salen disparados en todas direcciones van perdiendo velocidad tras el estallido inicial. Sin embargo, lo que sucedió tras el Big Bang fue de otra índole. La inflación no tenía ningún centro concreto, sino que fue el conjunto del espacio el que se expandió. Todo ello duró menos de una milmillonésima parte de una milmillonésima parte de una milmillonésima de segundo, y en ese período tan increíblemente breve el universo creció tanto que su volumen se multiplicó por, al menos, diez mil cuatrillones respecto a su tamaño original. (Si aplicamos este mismo factor de crecimiento al punto que hay al final de esta frase, aumentaría tanto de tamaño que equivaldría a la distancia entre la Tierra y la nebulosa de Andrómeda.) Algunas variantes de la teoría valoran la posibilidad de que la expansión fuera incluso mayor, con factores como $10^{10^{10}}$. (El punto que hay al final de esta frase, ampliado proporcionalmente, no cabría en lo que hoy en día consideramos como universo visible.) Una vez se hubo esfumado ese fantasma, empezó la expansión del universo, que fue comparativamente lenta y todavía dura hoy en día. Por tanto, si el universo es tan grande y uniforme, se lo debemos a la inflación, porque creó las condiciones necesarias para nuestra existencia.

Antes de la inflación, el universo era microscópico. Todo el espacio que podemos ver en la actualidad estaba concentrado en un volumen mucho más pequeño que un núcleo atómico. Toda la estructura obedecía a las leyes naturales del mundo subatómico, de la física cuántica, según las cuales no se pueden explicar las coincidencias, tal como el comisario Glock descubrió en el quinto capítulo.

Según la teoría, después de la inflación el universo visible tenía el diámetro aproximado de un pomelo. Comparado con sus dimensiones actuales, esto puede parecer poco, pero ya supuso un salto enorme. Porque, tras su transformación, el cosmos pasó a ser un mundo macroscópico. Y, puesto que seguía creciendo, todas las zonas que lo componían siguieron alejándose mutuamente. La conexión que habían compartido las diferentes áreas se perdió por completo. Desde entonces ya tienen un presente común. Sin embargo, queda el pasado para conectar todo el universo visible: todos y cada uno de los puntos que vemos en el cielo nocturno en algún momento formaron parte del mismo mundo microscópico. Por eso las condiciones son las mismas en todos los lugares del cosmos.

Hay que reconocer que este planteamiento suena de lo más fantasioso. De hecho, todavía queda pendiente encontrar una prueba directa de la inflación, pero también se ignora qué fue exactamente lo que la desencadenó. Puede que sucediera como reacción a una partícula que los cosmólogos han bautizado como *inflatón*, pero en realidad nadie sabe qué es el inflatón.

En cualquier caso, la teoría encaja tan bien en las últimas observaciones que son pocos los cosmólogos que ponen en duda la inflación. Las huellas del microcosmos a partir del cual se desplegó el universo todavía son visibles hoy en día. Se revelan en la radiación de fondo, cuya distribución está representada en la página 31. En esa imagen precisa que el observatorio astronómico *Planck* mandó hace poco a la Tierra queda representado, con variaciones mínimas, un patrón de manchas con la primera luz del mundo. Se trata del típico patrón de fluctuación de cuantos, una vibración aleatoria de una energía como la que aparece siempre a escala atómica y subatómica. Cuando el universo se expandió de repente, la fluctuación quedó ampliada a una nueva escala, la cósmica, del mismo modo que las letras diminutas impresas sobre un globo se convierten en grandes caracteres de póster cuando alguien lo hincha. Ese patrón ha quedado impreso en la radiación de fondo y brilla siempre como una reproducción de la imagen del universo antes de que sufriera su gran transformación.

La fluctuación, el destello de la energía que se liberó al principio del tiempo, no sólo generó el patrón de la radiación de fondo. También dio forma al universo. Mediante la inflación, la fluctuación se amplió a escala cósmica y se transformó en una enorme onda expansiva. Así determinó la distribución de la materia y, con ello, dónde quedarían ubicadas las estrellas más adelante. En la luz de las estrellas divisamos el rastro de otro mundo: el cosmos que oculta en sus átomos ese algo minúsculo que fue nuestro universo en otro tiempo.

Si Dios tomó alguna decisión a la hora de crear el mundo, sin duda debió de ser en el momento de la inflación. Y es que tomó forma justo cuando el universo microscópico se transformó en macroscópico gracias a las fluctuaciones. Durante ese proceso se establecieron las condiciones del universo que posteriormente permitirían la aparición de seres vivos.

Sin embargo, la teoría de la inflación pronostica algo realmente curioso: permite que, mediante diferentes fluctuaciones, vayan surgiendo nuevas estructuras que podrían crecer hasta alcanzar dimensiones cósmicas. Cada una de esas estructuras constituye un universo en sí mismo y presenta una composición diferenciada. Es posible que a partir de las diferentes fluctuaciones del universo hayan surgido incluso diferentes leyes naturales. Nuestro cosmos y su orden correspondiente sería, por tanto, sólo uno entre muchos, mientras que en otro lugar reinarían condiciones completamente distintas. Así pues, la teoría de la inflación responde a la pregunta de Einstein con otra pregunta: ¿realmente Dios tuvo que tomar alguna decisión? Quizá pudo ahorrárselo precisamente porque podía permitirse el lujo de no renunciar a nada.

Podemos imaginarnos la diversidad de universos como los copos de nieve que caen de una nube: adoptan una forma u otra en función de las condiciones que reinaban en la nube por pura casualidad. Puesto que la temperatura, la humedad del aire y el viento afectan de forma continua y aleatoria a la nube, los copos adoptan formas distintas. Cada uno de los diferentes universos podría diferenciarse de los demás de ese mismo modo, según las fluctuaciones del cosmos microscópico del que surja. Podrían constituirse universos de dos o nueve dimensiones, algunos con una gravitación abrumadora y otros sin la más mínima presencia de materia. A ese conjunto de universos lo llamamos *multiverso*, dentro del cual nuestro universo sería sólo una mínima parte, apenas un copo de nieve que acaba perdiéndose en un paisaje invernal.

Los universos nacen y muchos desaparecen de nuevo, como ocurre con los copos de nieve. El multiverso, en cambio, es eterno, por lo que produce infinitos mundos, en la mayoría de los casos incompatibles con la vida. No obstante, puesto que el multiverso permite todas las posibilidades, en algún momento tenía que surgir también un universo como el nuestro. Y sólo un universo como éste era adecuado para albergar unos seres vivos capaces de reflexionar sobre su propia existencia.

No es de extrañar, pues, que este cosmos parezca hecho a medida para nosotros: en el resto de los universos no hay nadie capaz de disfrutarlos.

Lo que no sabemos es si realmente hay otros universos, ni si este pronóstico de la teoría de la inflación es correcto. Al fin y al cabo, sólo podemos ver una pequeña parte de nuestro propio cosmos, mientras que las áreas más grandes del universo siguen siendo un misterio para nosotros. Si ni siquiera sabemos qué hay dentro, ¿cómo vamos a saber lo que hay fuera?

De hecho, ¿puede haber un «fuera»? Eso depende de lo que se entienda por *universo*. Si se utiliza esa palabra para denominar a todo lo que existe, la expresión *fuera del universo* constituye una contradicción. Sin embargo, por *universo* podemos entender también un conjunto coherente de espacio, tiempo, energía y materia. Estructuras como ésas podrían estar surgiendo continuamente. Quizá hay otros universos aparte del nuestro; quizá el Big Bang al que se remonta nuestro universo no fue el principio de todas las cosas, y quizá nuestro universo renació a partir de un cosmos anterior. El caso es que no lo sabemos.

Pero no tiene por qué ser siempre así. Todos los que en algún momento han creído que habíamos llegado al límite de nuestro conocimiento se han equivocado. Después de todo, la investigación del espacio apenas acaba de empezar. Hace poco más de cuatrocientos años, Galileo Galilei apuntaba hacia el cielo con el primer telescopio. Hace menos de cien años, los científicos estaban convencidos de que el universo estaba formado únicamente por la Vía Láctea. Hoy en día se estima que hay un mínimo de dos billones de galaxias en el cosmos visible, y en las últimas cinco décadas se ha consolidado la hipótesis de que nuestro universo no siempre ha existido, sino que tuvo que haber un inicio. Sería de lo más improbable que hubiéramos descifrado ya todo lo que el universo puede llegar a revelarnos sobre su origen y el nuestro.

El viajero de la xilografía que ilustra el libro de Flammarion rompe el horizonte y se le muestra la belleza insólita de una realidad superior. Conocía los encantos de la Tierra que queda a su espalda; ha visitado sus ciudades, sus montañas y sus mares; ha admirado las flores y ha levantado la mirada hacia el Sol y las estrellas. Pero también sabía que en el mejor de los casos sólo percibía la superficie de las cosas, y que todo lo visto hasta entonces no podía ser más que una única faceta de un mundo mucho más amplio y variado. Y quería descubrir la verdadera naturaleza del universo.

Acabamos de empezar el camino que recorrió ese viajero. Hemos descubierto que el universo va mucho más allá del espacio conocido, del tiempo conocido, de la energía conocida y de la materia. Sabemos que la realidad debe de ser muy distinta de como la percibimos. A nosotros también nos rodea un horizonte tras el que se encuentra una realidad más amplia, más completa, superior. Por eso nos dirigimos hacia ese horizonte. Mientras la humanidad sea lo suficientemente inteligente para garantizar su propia existencia, tendremos la capacidad de acercarnos a lo misterioso y descubrir de dónde venimos.

NOTAS

CAPÍTULO 1

La animadversión que demuestra Poe cuando opina sobre la ciencia es sorprendente, puesto que él mismo abordó problemas cosmológicos e incluso llegó a conclusiones originales. En su poema en prosa «Eureka», publicado en 1848, anticipó ideas que mucho después acabaron convirtiéndose en realidades científicas, como cuando habló de un universo en expansión que empezó con un gran estallido. También resolvió el problema descrito en el capítulo 9 de este libro, sobre la oscuridad del cielo nocturno. ¿Tal vez Poe desconfiaba de la fascinación que le despertaba la física?

En el año 2000 compartí un acto de la Literaturhaus de Múnich con alguien que temía la descodificación completa del ser humano, y eso que la genética es la prueba manifiesta de que, cada vez que la ciencia resuelve una pregunta, afloran doce preguntas nuevas. Por ejemplo, durante los últimos años se ha demostrado con una claridad impresionante cómo las condiciones de vida de un organismo modifican la función de sus genes. Los mecanismos que determinan ese comportamiento son extremadamente complicados y todavía sabemos muy poco al respecto, pero casi puede excluirse la posibilidad de conseguir un control absoluto de las condiciones de vida de una persona en un laboratorio para obtener una visión transparente de sus procesos.

Richard Feynman vivió desde 1918 hasta 1988 y fue uno de los físicos más polifacéticos del siglo xx. Recibió el Premio Nobel de Física en 1965 por sus contribuciones a la teoría cuántica de campos, que describe la formación y la destrucción de partículas elementales.

En el número 506 de la revista *Nature* (2014), Lyons, Reinhard y Planawsky describen la cronología del enriquecimiento del oxígeno en la atmósfera. Respecto a la recepción lumínica de las cianobacterias, véase Schuergers et al., *eLife* 5 (2016).

La metáfora del conocimiento como una isla en el océano de la ignorancia se atribuye al célebre físico austroamericano Victor Weisskopf (1908-2002). Adquirió un gran prestigio gracias a sus obras de física nuclear teórica, y tras la Segunda Guerra Mundial estuvo comprometido contra las pruebas de armamento atómico.

El biólogo inglés John Burdon Sanderson, también conocido como J. B. S. Haldane, vivió entre 1892 y 1964. Estableció las bases de la genética de poblaciones que aportó el fundamento moderno a la teoría evolutiva. También fue un escritor prolífico, y como tal publicó ensayos políticos, obras de divulgación científica e incluso un libro infantil. Para protestar contra la posición británica durante la crisis de Suez de 1956, Haldane emigró a la India, donde pasó sus últimos años de vida ejerciendo como director de investigación en el instituto de estadística de Calcuta.

CAPÍTULO 2

Los astronautas del Apolo 11 fotografiaron cómo la Tierra salía por el horizonte de la Luna.

La xilografía del viajero al borde del mundo procede de la obra de Camille Flammarion *L'atmosphère* (París, 1888). La imagen de la radiación cósmica de fondo procede de la sonda espacial europea *Planck*.

Dos estudiantes de Berlín, Timo Stein y Christopher Förster, demostraron que la radiación de fondo podía captarse con materiales simples que podían adquirirse en cualquier ferretería. Consiguieron medir incluso las propiedades de la radiación con una antena parabólica que ellos mismos se encargaron de modificar, tal como describieron en el número de julio de 2008 de la revista *Sterne und Weltraum*.

La velocidad a la que se expande el universo se puede determinar a partir de la velocidad a la que las galaxias lejanas parecen alejarse de la Tierra. El hecho de que esta velocidad sea superior a la de la luz no contradice la teoría de la relatividad especial, que afirma que ningún objeto puede moverse por el espacio más rápido que la luz. No obstante, en el caso de la expansión del universo es el propio espacio el que queda modificado.

CAPÍTULO 3

En el siglo XVIII, los astrónomos ya sabían que la velocidad de la luz no podía ser infinitamente rápida. En 1729, el astrónomo inglés James Bradley ya se dio cuenta de que tenía que apuntar su telescopio de forma algo oblicua para poder examinar una estrella que quedara justo encima de su cabeza. Ocurre lo mismo cuando un cazador tiene que apuntar por delante de la liebre a la carrera para acertar el disparo. (Si el cazador apuntara directamente sobre la liebre en movimiento, sólo podría dar en el blanco en el caso de que la bala fuera infinitamente veloz.) Ese fenómeno inexplicable, que recibió el nombre de *aberración de la luz*, hizo pensar a Bradley en el movimiento de la Tierra alrededor del Sol y le permitió determinar con extraordinaria precisión la velocidad de la luz en trescientos un mil kilómetros por segundo. Además, era evidente que la luz de las estrellas siempre llegaba a la misma velocidad. Tanto si la Tierra se dirigía hacia la estrella como si (en otra época del año) se alejaba de ella, la luz no permitía notar la diferencia. Eso fue más que sorprendente.

La teoría ondulatoria de la luz podía explicar muchos fenómenos, como las interferencias y la curvatura, pero entró en crisis enseguida porque nadie sabía determinar la naturaleza de las ondas luminosas. Para salvaguardar la teoría, los físicos del siglo XIX defendían, más por desesperación que por convicción, que una sustancia sutil a la que llamaron éter llenaba el espacio. Cuando el éter oscilaba, se convertía en luz. Sin embargo, en 1881 el físico estadounidense Albert Michelson acabó con esa hipótesis. En un famoso experimento que llevó a cabo en Potsdam, proyectó un rayo de luz hacia el norte y otro hacia el oeste. En caso de que hubiera éter, la Tierra lo surcaría en su órbita de este a oeste. Por tanto, el rayo lanzado hacia el oeste debería notar algún tipo de resistencia y se frenaría en relación con el rayo proyectado en dirección norte. No obstante, Michelson comprobó que los dos rayos se expandieron a la misma velocidad, lo que le permitió llegar a la conclusión de que el éter no existía. El químico norteamericano Edward Morley confirmó estos resultados cuando en 1887 repitió el experimento de Michelson con mejores recursos.

Robert Friedman nos ofrece una imagen muy reveladora a nivel moral del comité del Premio Nobel que tenía que distinguir a Einstein en el número 36 de *Europhysics News* (2005).

Fue el propio Einstein quien explicó la teoría de la relatividad especial mediante el ejemplo de los dos relámpagos: uno cae por detrás y otro por delante de un espectador en movimiento y de otro que está en reposo. Se sirvió de la imagen de un tren que viaja a gran velocidad hacia el punto en el que cae uno de los rayos a la vez que se aleja del lugar en el que cae el otro. Para el pasajero que viaja en el tren, los dos relámpagos son sucesivos, mientras que quien los observa desde el andén los percibe como simultáneos.

La manera en que el tiempo se estira en un objeto en movimiento desde el punto de vista de un observador estático se comprende enseguida con la famosa paradoja de las gemelas: si una niña viaja en una nave espacial hasta un destino remoto y regresa a la Tierra siendo adulta, se encontrará a su hermana gemela, que se ha quedado en la Tierra, convertida en una anciana. Durante el viaje, a la primera se le habrán ralentizado los latidos del corazón, sus días se habrán extendido y tardará más en tener canas. El motivo es que la velocidad de los fotones es igual para las dos gemelas, pero, desde el punto de vista de la que se queda en la Tierra, un relámpago de luz en la nave tiene que recorrer una distancia superior, porque la nave está en movimiento. Para compensar esa diferencia, el tiempo transcurre más despacio para la hermana que viaja en la nave.

Einstein dudó de si «Dios le había tomado el pelo» con el descubrimiento de la equivalencia de masa y energía, y así se lo hizo saber al profesor de física suizo Conrad Habicht. Los dos hombres se conocían de Schaffhausen, donde Einstein se había ganado la vida temporalmente, en 1901, como profesor particular. Habicht y Einstein permanecieron unidos por la amistad durante toda la vida.

CAPÍTULO 4

Pierre-Simon Laplace (1749-1827) sentó las bases del cálculo y análisis de probabilidades. También demostró que las órbitas planetarias son generalmente estables, algo que se ponía en duda en su tiempo. Además, fue ministro de Interior de Napoleón, aunque demostró una pedantería tan insoportable que fue destituido al cabo de seis semanas.

Por si alguien tiene curiosidad al respecto, la ecuación de Schrödinger es la siguiente:

$$i\,\hbar\,\frac{\partial}{\partial t}\,\Psi\,(\mathbf{r},t) = \hat{H}\,\Psi\,(\mathbf{r},t)$$

La ecuación indica cómo se desarrolla temporalmente la función de onda de las partículas N: Ψ ($\mathbf{r}$,t). Esta función de onda como solución a la ecuación de Schrödinger describe por completo el estado mecanicocuántico del sistema. A partir de ella pueden deducirse, por ejemplo, las probabilidades de aparición de cada partícula.

i es la unidad imaginaria, $\hbar$ es la constante de Planck reducida, r es el vector de posición de las partículas N $r = (r_1, r_2, ..., r_N)$ y, como es habitual, t es para el tiempo y $\frac{\partial}{\partial t}$ para la derivada parcial del tiempo. $\hat{H}$ es el operador hamiltoniano para el sistema de partículas N, que consta de N_e electrones y N_A núcleos atómicos:

$$\hat{H} = -\sum_{i=1}^{N_e} \frac{\hbar}{2m} \nabla_i^2 - \sum_{\alpha=1}^{N_A} \frac{\hbar}{2M_\alpha} \nabla_\alpha^2 - \sum_{i=1}^{N_e} \sum_{\alpha=1}^{N_A} \frac{Z_\alpha e^2}{|r_i - r_\alpha|}$$

$$+ \sum_{i=1}^{N_e} \sum_{j=1}^{i} \frac{e^2}{|r_i - r_j|} + \sum_{\alpha=1}^{N_A} \sum_{\beta=1}^{\alpha} \frac{Z_\alpha Z_\beta e^2}{|r_\alpha - r_\beta|}$$

m es la masa de los electrones, y e, la carga de los electrones. M_α es la masa; Z_α, el número de protones del núcleo atómico α. ∇_i es la derivada según las coordenadas espaciales de la partícula i. La primera suma del operador hamiltoniano describe la energía cinética de los electrones; la segunda suma, la energía cinética del núcleo atómico; la tercera, la interacción de Coulomb entre los electrones y los núcleos atómicos; la cuarta, la interacción de Coulomb entre los electrones, y la quinta, la interacción de Coulomb entre los núcleos atómicos. Los efectos relativistas son inapreciables, puesto que en condiciones cotidianas no tienen ningún efecto. La gravitación no relativista y el efecto de la radiación electromagnética se han omitido para mayor claridad, pero pueden añadirse sin problemas. Con la ecuación de Schrödinger y la función de onda de un determinado momento t_0 como condición previa, la dinámica del sistema queda completamente determinada.

Claude Shannon (1916-2001) fue el fundador de la teoría de la información moderna y un investigador especialmente polifacético. Con sólo veintiún años desarrolló los fundamentos para los circuitos integrados en los que se basa la tecnología informática actual, trabajó durante la Segunda Guerra Mundial en el ámbito criptográfico y en 1950 fabricó un ratón eléctrico que no sólo era capaz de encontrar la salida en un laberinto, sino que además se considera el primer robot con capacidades cognitivas. Shannon dedicaba su tiempo libre a montar en monociclo y a los juegos malabares, y utilizó sus conocimientos en la teoría de juegos para ganar grandes sumas de dinero jugando al blackjack en Las Vegas. Publicó sus revolucionarias reflexiones sobre las posibilidades de las computadoras de ajedrez en el número 41 de *The London, Edinburgh, and Dublin Philosophical Magazine and Journal of Science* (1950).

Para leer un análisis de los errores de la predicción del huracán *Lothar*, véase: Majewski et al., *Monthly Weather Review*, n.º 130 (2002).

CAPÍTULO 5

Los dos observadores del ejemplo son típicos de la literatura especializada en mecánica cuántica y suelen recibir los nombres de *Alice* y *Bob*, como el matrimonio Aspect que aparece en la historia policiaca.

Alain Aspect, nacido en 1947, trabaja en un laboratorio óptico de la Université Paris Sud. Los experimentos que consistieron en lanzar fotones entrelazados de una de las islas Canarias a otra, o hasta Austria y China, corresponden al físico vienés Anton Zeilinger, nacido en 1945. Él también es un pionero de la óptica cuántica. Aspect y Zeilinger han recibido todos los reconocimientos importantes en el ámbito de la física, excepto el Premio Nobel.

El entrelazamiento es omnipresente en la naturaleza. El fenómeno aparece de forma descontrolada cuando cualquier partícula interacciona con otra de algún modo. En los experimentos descritos debe controlarse el entrelazamiento. La forma más sencilla de conseguirlo es proyectando un rayo láser a través de un cristal especial, como el de borato de bario. Los átomos del cristal se estimulan de tal manera que el rayo de luz original queda dividido en dos haces secundarios. Cada uno de los fotones que componen uno de los haces secundarios tendrá una pareja entrelazada en el otro haz.

El espín es una propiedad de las partículas elementales que no existe en la física clásica. Se mide el espín de los electrones y otras partículas con masa en una disposición de prueba que descubrieron los físicos alemanes Otto Stern y Walter Gerlach en Frankfurt en el año 1922: la partícula se envía por medio de un campo magnético; puesto que el espín se acopla al campo magnético, la partícula se desviará hacia arriba o hacia abajo. El espín de un fotón puede detectarse con un filtro de polarización.

En el experimento de Aspect se enfrentaron los espines de los dos fotones entrelazados. Las respuestas obtenidas revelaron que cuando un fotón se desviaba hacia arriba, el otro se desviaba hacia abajo, o viceversa.

Podría suponerse que las partículas entrelazadas tienen que permitir determinar los efectos más rápidamente que la luz, y que, por tanto, el hecho de estar entrelazadas contradice la teoría de la relatividad especial, según la cual no hay nada que pueda propagarse más rápido que la luz. Sin embargo, esa contradicción no existe. El efecto significa que un evento previamente conocido desencadena un evento posterior. En mecánica cuántica, sin embargo, no existe la posibilidad de conocer los eventos de antemano. Los eventos suceden al azar en el momento en el que el sistema se somete a una medición. Por eso dos observadores a los que llamaremos Alice y Bob no pueden comunicarse mediante partículas entrelazadas. Porque en el momento en el que Alice detecta un evento mediante la medición de una partícula, sabe automáticamente el resultado que obtendrá Bob. Lo que no puede hacer es manipular las partículas para poder decidir de antemano el resultado que obtendrá Bob. Tampoco sabe qué sucederá en su lado. Y, puesto que Alice no puede saber qué sucederá, tampoco puede provocar ningún efecto en Bob. Por consiguiente, el entrelazamiento no basta para provocar un efecto, y la teoría de la relatividad especial sigue siendo válida.

John Bell, nacido en 1928, trabajó en el centro europeo de investigación de la física de partículas CERN de Ginebra. Murió en 1990 a causa de un derrame cerebral. Ese mismo año estuvo nominado al Premio Nobel.

Las tres preguntas del relato policiaco corresponden a tres mediciones distintas del espín de dos partículas emparejadas. Los ejes de las tres mediciones mantienen un ángulo de ciento veinte grados entre sí. En ese caso, el resultado deducido por el detective Glock encaja a la perfección con el argumento de Bell: si hubiera habido un plan oculto, las mediciones habrían coincidido con una probabilidad de 5/9, mientras que la ausencia de planificación dio como resultado una probabilidad de 1/2.

La idea de que el espacio surge a partir del entrelazamiento cuántico se desarrolló en el marco de la teoría de cuerdas, un planteamiento muy discutido durante las últimas décadas que pretende combinar la mecánica cuántica con la teoría de la relatividad. La formación del espacio-tiempo por medio del entrelazamiento es una teoría defendida sobre todo por los teóricos americanos Juan Maldacena y Leonard Susskind; véase, por ejemplo, el número 61 de *Fortschritte der Physik* (2013).

Los esbozos para una historia policiaca son de Sophie Strauß, de Berlín.

CAPÍTULO 6

La tesis que defiende que la realidad que experimentamos es una simulación informática de una civilización posthumana la presentó Nick Bostrom, del Departamento de Filosofía Contemporánea de Oxford. Bostrom expone sus argumentos en el número 53 de *The Philosophical Quarterly* (2003).

Las concepciones budistas de la realidad ya se describen en las enseñanzas de Buda, y más tarde siguieron desarrollándose. Es de gran importancia el concepto llamado *Shuniata*, una palabra sánscrita que puede traducirse como «vacío». Puede compararse con N. Keiji, *Religion and Nothingness* (The University of California Press, Berkeley, 1982).

En la filosofía occidental antigua, el poeta romano Lucrecio ya expresa en el siglo I a. C. ese mismo concepto, describiendo con ello la epistemología común, y menciona los *simulacros*, finas películas que se desprenden de las capas más externas de todas las cosas para dejar una impresión en el ojo. En eso consiste la percepción, según nos cuenta

Lucrecio en su poema didáctico *De rerum natura* («Sobre la naturaleza de las cosas»).

Los directores de cine del siglo XX recuperaron ese concepto. En la miniserie para la televisión *El mundo conectado* (1973), de Rainer Werner Fassbinder, que en muchos aspectos se adelantó a *Matrix*, los personajes descubren que el mundo no es más que un «simulacro», una ilusión creada por un ordenador. El protagonista de *Matrix*, Neo, oculta su programa secreto en un ejemplar vaciado de un libro del filósofo francés Baudrillard titulado *Simulacro y simulación*.

La idea sombría de Ernest Rutherford, según la cual la reacción atómica era capaz de «reducir el mundo a cenizas», la recoge Richard Rhodes en su fascinante crónica *The Making of the Atomic Bomb* (1986).

Respecto a las dimensiones de las partículas elementales, existe una frontera de comprobación, como ocurre con todos los datos experimentales, y en la actualidad es de 10^{-18} m. Dentro de este marco, por consiguiente, se puede excluir que las partículas elementales tengan dimensión. Por eso las teorías imperantes consideran las partículas elementales como puntos.

El campo de Higgs es lo que llamamos un *campo escalar*. Los campos escalares asignan una sola cifra a cada punto del espacio y sirven, por ejemplo, para expresar la distribución de temperatura de una habitación. Todas las partículas conocidas fuera del Higgs, en cambio, deben describirse mediante campos vectoriales: tienen un impulso y un sentido de giro interno, el espín. Dentro del Higgs, echamos en falta esa propiedad. Por eso consideramos que se trata de un tipo nuevo de partículas. La cuestión de si sólo existe una clase o si existen varios tipos de partículas de Higgs sigue sin estar resuelta. Leibniz se preocupó de ello en su escrito *Los principios de la naturaleza* (1714).

CAPÍTULO 7

La lente gravitatoria Abell 1689 surge por efecto directo de la materia oscura, mientras que la Cruz de Einstein aparece de forma indirecta: en el caso de Abell 1689, es la materia oscura en sí misma la que desvía la luz de las estrellas que quedan detrás. La galaxia que aparece en el centro de la Cruz de Einstein curva la luz del cuásar que queda detrás, sobre todo por efecto de la gravitación de las estrellas del centro de esa galaxia. Pero esa densa aglomeración de estrellas sólo es estable por el efecto de un poderoso halo de materia oscura que la envuelve, véase Trott et al., *Monthly Notes of the Royal Astronomical Society*, n.º 401 (2010).

La fotografía que se muestra en la página 144 de Abell 1689 la envió el telescopio espacial *Hubble*.

Dokkum y otros describieron las galaxias gemelas de la Vía Láctea en el número 826 de *Astrophysical Journal Letters* (2006).

En el número 54 de *Annual Review of Nuclear and Particle Science* (2004), Gaitskell y otros ofrecen una estimación de la cantidad de materia oscura que de forma constante llega a la Tierra y la atraviesa.

Lisa Randall y Matthew Reece describen su teoría en el número 112 de *Physical Review Letters* (2014). Véase también el libro de Lisa Randall *La materia oscura y los dinosaurios,* publicado en Frankfurt en el año 2016. La frecuencia de colisiones de cometas que reivindicaron Randall y otros es controvertida. Científicos del Instituto Astronómico Max Planck de Heidelberg, por ejemplo, llegaron a la conclusión en 2011 de que la aparente periodicidad de las colisiones no es más que un artefacto estadístico y que no existe ninguna conexión en ese sentido.

Los muones que tanto confundieron en su momento a Rabi y a sus compañeros de investigación son partículas exóticas que sólo viven unas millonésimas de segundo. Para el comportamiento de la materia en circunstancias normales, los muones son irrelevantes. El hecho de que existan confundió al resto de los modelos de la física de partículas, que por aquel entonces eran mucho más simples. En el modelo estándar también encuentran su lugar.

Einstein creía en un universo estático, pero se dio cuenta de que, según sus ecuaciones de la teoría de la relatividad general, el universo estaba en expansión. Por eso añadió a la ecuación una constante, para compensar esa expansión. La constante describe una presión del espacio vacío y corresponde a lo que hoy en día llamamos *energía oscura*. Sin embargo, Einstein se dio cuenta enseguida de que esa constante cosmológica no cumplía sus expectativas. Las soluciones estáticas de las ecuaciones modificadas no son estables frente a las perturbaciones, y al modificar mínimamente los parámetros vuelve a manifestarse enseguida la expansión del universo. Por consiguiente, se distanció de ese planteamiento, aunque hoy sabemos que se equivocó al presuponer que el universo era estático.

La energía oscura del universo corresponde a la energía de siete protones por metro cúbico. La energía oscura de un espacio vacío del tamaño de todos los océanos terrestres sigue siendo menor que la energía contenida en una sola gota de agua.

CAPÍTULO 8

La única excepción conocida a la indiferencia de las leyes fundamentales de la naturaleza respecto a la dirección del tiempo afecta a la desintegración de determinados componentes del núcleo atómico bajo la influencia de la interacción débil. En esos procesos de desintegración sólo se mantiene la validez de las leyes naturales en la simetría de inversión temporal si se refleja el espacio y si la materia queda sustituida por antimateria. A esto se lo llama *simetría CPT*, y es un fenómeno fascinante, si bien no tiene ninguna relevancia. Mientras no se produzca la desintegración del núcleo, las leyes naturales permiten la inversión del tiempo.

El competidor más vehemente de Boltzmann fue el físico vienés Ernst Mach (1838-1916), que con sus trabajos sobre mecánica allanó el camino a la teoría de la relatividad. La comparación con la tauromaquia corresponde al físico de Múnich Arnold Sommerfeld (1868-1951), un pionero de la física atómica.

Los mecanismos celulares que intervienen en la aparición de las canas los describen Emi Nishimura y otros en el número 307 de *Science* (2005).

La segunda ley de la termodinámica puede formularse de varias maneras. La que se menciona en este libro es especialmente gráfica y corresponde al célebre físico alemán Max Planck (1858-1947). Para ser más exacta, debería añadir la expresión «casi nunca». Las fluctuaciones del sistema podrían reducir considerablemente la entropía, aunque a largo plazo no tienen ningún efecto.

CAPÍTULO 9

La afirmación de que un cielo nocturno infinito en términos de espacio y tiempo no puede ser oscuro se denomina *paradoja de Olbers*, en honor al médico y astrónomo alemán Heinrich Olbers (1758-1840), quien describió el problema por primera vez en 1823, aunque Kepler ya lo había mencionado previamente. La formulación de Olbers se basa en suponer que los objetos luminosos del universo están distribuidos de manera uniforme a gran escala. La paradoja no puede explicarse mediante la absorción de las radiaciones por parte de las nubes de gas o de polvo cósmico. Como ya descubrió el astrónomo británico John Herschel (1792-1871), al cabo del tiempo debe establecerse un equilibrio térmico en el que las nubes emiten tanta energía de radiación como la que absorben.

Edwin Hubble (1889-1953) trabajó toda su vida en el Mount Wilson Observatory, en unas montañas próximas a Los Ángeles. Cuando asumió su puesto en el año 1919, los astrónomos todavía creían que el universo consistía únicamente en la Vía Láctea. Hubble fue el primero en reconocer que había más galaxias aparte de la nuestra. Entre 1922 y 1923 descubrió que objetos como la nebulosa de Andrómeda estaban mucho más alejados de lo que podrían haber estado en caso de haber formado parte de la Vía Láctea. Seis años después comprobó el fenómeno del corrimiento al rojo en la luz de cuerpos celestes lejanos, lo que le permitió explicar la expansión del universo. En su honor, la relación entre la velocidad de escape observada de un cuerpo celeste y su distancia se denomina *ley de Hubble*.

Hubble interpretó las mediciones realizadas al respecto con el conocido efecto Doppler: del mismo modo que la sirena de una ambulancia suena más grave cuando se aleja que cuando se acerca, también se modifica la longitud de onda de las luces que nos llegan desde estrellas lejanas que, por consiguiente, se mueven más deprisa. Sin embargo, la analogía no funciona. La ambulancia se mueve por el espacio, mientras que el corrimiento al rojo de la luz estelar se basa en el hecho de que el espacio cambie de tamaño. Así pues, Hubble malinterpretó la teoría de la relatividad.

Aunque la cosmología moderna se basa precisamente en los logros pioneros de Hubble, se le negó el Premio Nobel porque el comité de la época todavía no permitía otorgarlo para contribuciones en el ámbito de la astronomía.

La curvatura del universo se puede calcular a partir de los datos que las sondas espaciales WMAP y *Planck* obtuvieron de la radiación cósmica de fondo. Para ello se aprovechan las diminutas irregularidades que se manifiestan en la radiación de fondo. Esas fluctuaciones son las ondas expansivas que recorrían el universo cuando surgió la radiación de fondo. Las dimensiones de esas ondas pueden deducirse a partir de la velocidad del sonido en el universo incipiente que surgió a partir de las constantes naturales. Por tanto, se conocen también las verdaderas dimensiones de las fluctuaciones. Esas medidas calculadas de las fluctuaciones se comparan ahora con los datos suministrados por las sondas espaciales. En un universo curvado, las fluctuaciones aparecerían distorsionadas, como si las observáramos a través de una lente. Por consiguiente, se verían menores o mayores de lo esperado. Aun así, resultó que las mediciones calculadas de las fluctuaciones y las observadas coinciden, y de ahí se desprende que el universo es plano.

Vardanyan, Trotta y Silk ofrecieron varias estimaciones del tamaño mínimo del universo en el número 413 de *Monthly Notices of the Royal Astronomical Society: Letters* (2011), igual que Castro Douspis y Ferreira en *Physical Review*, D 68 (2003), o Silk en su libro *Das fast unendliche Universum* (Múnich, 2006).

Las consideraciones sobre la probabilidad en repeticiones más frecuentes de un experimento aleatorio pueden comprenderse fácilmente desde el punto de vista matemático mediante el ejemplo de lanzar un dado. Pongamos que p sea la probabilidad de que se produzca un evento X. Al lanzar el dado una vez, X puede significar, por ejemplo, que salga un seis. Si se trata de un dado de seis caras, entonces $p = 1/6$, y la probabilidad de que salga cualquier otra cifra será $q = 1 - p = 5/6$. La probabilidad de que tras n tiradas no salga ningún seis es q^n; la probabilidad de que salga al menos una vez un seis es $1 - q^n$. A medida que crece el valor de n, la probabilidad se acerca cada vez más a 1. Si lo que queremos saber es la probabilidad de que salga un seis en dos ocasiones, será $p = 1/36$, y los cálculos posteriores, análogos. Debido a la relación exponencial, la probabilidad simple acaba siendo irrelevante. Porque mientras la frecuencia de las repeticiones n sea lo suficientemente grande, la probabilidad se acercará a obtener X al menos en una ocasión, siempre y cuando $p > 0$.

La reacción de Giordano Bruno ante la lectura del veredicto está documentada en la recopilación de fuentes de ese proceso inquisitorial que publicó Angelo Mercati en 1942.

En el marco de la física actual, el cosmólogo rusoestadounidense Alexandr Vilenkin se ha dedicado a reflexionar sobre la inevitabilidad de eventos y repeticiones en un universo infinitamente grande. Basa sus reflexiones en la relación de la cosmología inflacionaria actual como se describe en el capítulo siguiente. Véase Garriga y Vilenkin, *Physical Review*, D 64 (2001).

CAPÍTULO 10

Respecto al hecho de que surgiera vida en las pozas de marea, parece ser que los restos fósiles más antiguos que se conocen de organismos unicelulares se encontraron en sedimentos que en algún momento fueron playas o aguas oceánicas estancadas. El intercambio regular entre inundación y evaporación favoreció la acumulación de sustancias orgánicas en lugares localizados. Esa hipótesis compite con otra que supone que la vida surgió de las chimeneas volcánicas que se encuentran en suelo oceánico. No obstante, la segunda teoría no consigue explicar cómo las moléculas autorreplicantes pudieron concentrarse para formar células.

Las condiciones tan improbables que fueron necesarias para que surgiera vida en la Tierra están descritas en detalle en el libro *Rare Earth* (2005), de Ward y Brownlee. El matemático Edward Belbruno y el astrofísico Richard Gott III calcularon cómo el protoplaneta consiguió acercarse tanto a la Tierra hasta el punto de producirse una colisión y que la masa liberada diera lugar a la Luna. La obra de esos dos científicos estadounidenses, publicada en el número 129 de *The Astronomical Journal* (2005), incluye también un resumen de todo lo que se sabe sobre la formación de la Luna.

Frank y Sullivan explicaron su estimación de las posibilidades de que surgiera vida en el número 16 de *Astrobiology* (2016). Los dos autores investigaron de forma explícita las probabilidades de que exista una civilización tecnológicamente desarrollada en el universo visible, porque las señales de radio emitidas por una civilización como ésa posiblemente podrían interceptarse. Sin embargo, el argumento esgrimido por Frank y Sullivan puede aplicarse también a la probabilidad de que aparezca cualquier tipo de vida. Respecto a la frecuencia de estrellas parecidas al Sol que orbitan alrededor de los planetas de la zona habitable, véase Petigura y Marcy en *Proceedings of the National Academy of Sciences*, n.º 110 (2013).

Es probable que nuestro sistema solar no se encuentre, ni mucho menos, en una de las zonas más propensas a la aparición de vida del universo. De hecho, sólo contiene un único planeta, la Tierra, que pueda considerarse claramente una zona habitable, con agua líquida y un clima templado que permitan la aparición de organismos tal como los conocemos. En cambio, el sistema planetario Transit-1, descubierto en el mes de febrero de 2017, está a unos cuarenta años luz de distancia y contiene al menos tres planetas habitables en los que podría haber vida. No obstante, cuando en un planeta habitable existen elementos precursores de vida, los meteoritos se encargan de diseminar esas biomoléculas por los planetas habitables vecinos. De ese modo se multiplican las probabilidades de que surja vida en un sistema planetario de esas características. Véase Manavasi Lingam y Abraham Loeb en *Proceedings of the National Academy of Sciences* (2017).

El hecho de que diferentes zonas del universo no estén en contacto se denomina *problema del horizonte*. Se podría creer que el problema del horizonte se resuelve con la expansión del universo porque las distancias del universo al principio eran reducidas y zonas mayores del espacio podían influirse mutuamente. Sin embargo, lo cierto es que la expansión sólo agrava el problema del horizonte, puesto que el espacio en el pasado se expandía más rápido que en la actualidad. En una época anterior (siete mil millones de años tras el Big Bang, por ejemplo), cuando el cosmos era más pequeño, las dos galaxias estaban más próximas, por lo que la luz tardaba menos tiempo en recorrer la distancia entre una y otra. En nuestro ejemplo serían necesarios siete mil millones de años, algo más de la mitad del tiempo que requeriría en la actualidad. Aun así, la distancia entre las dos galaxias por aquel entonces era claramente mayor a la mitad de la distancia actual. Porque, cuanto más nos acercamos al Big Bang, más rápido se expande el cosmos. Cuanto más nos remontamos en el pasado, más rápido se alejan entre sí las galaxias. Si en la actualidad resulta imposible el intercambio entre ellas, antes lo fue todavía más.

La teoría de la inflación cósmica es, como todas las teorías de la física moderna, una teoría de campos. La dinámica de la inflación se atribuye al efecto de una magnitud distribuida por el espacio. Esa magnitud de naturaleza desconocida es el campo de inflación. Por medio de esas propiedades sólo pueden hacerse suposiciones generales, puesto que existe una competencia entre varias teorías de la inflación. El inflatón es la partícula asignada al campo de inflación, y corresponde a una estimación cuantificada del campo de inflación. Las teorías de la inflación corrientes describen el campo de inflación como un campo escalar parecido al campo de Higgs descubierto en el año 2012 en el acelerador de partículas del CERN, en Ginebra, que aporta masa a otras partículas elementales, tal como hemos descrito en el capítulo 6. Se supone que existe una estrecha relación entre esos dos mecanismos.

El Sloan Digital Sky Survey mostró que ciertos parámetros de inflación pueden deducirse a partir de la radiación de las estrellas. El estudio más exhaustivo hasta el momento del cielo nocturno, realizado desde 1998 con un telescopio automático, reveló las posiciones y espectros de más de doscientas mil galaxias. La teoría de la inflación es la que mejor explica los datos recopilados. Véase Tegmark et al., *Physical Review*, D 69 (2004).

Conselice y otros ofrecen una estimación de la cantidad de galaxias del cosmos visible en el número 830 de *Astrophysical Journal* (2016).

AGRADECIMIENTOS

Por todas las conversaciones, críticas y ánimos compartidos mientras escribía este libro, doy las gracias a Franz-Stefan Bauer, Béa Beste, Ulrike Bartholomäus, Volker Foertsch, Alfio Furnari, Gabriele Hoffmann, Ben Moore, Viatcheslav Mukhanov, Peter Knippertz, Matthias Landwehr, Thomas de Padova, Martin Rees, Alexandra Rigos, Efstratios Rigos, Wolfgang Schneider, Nina Sillem, Herbert Wagner y Steven Weinberg.